数学
教学研究

韩默陶　刘庆岗　著

中国商业出版社

图书在版编目（CIP）数据

数学教学研究 / 韩默陶，刘庆岗著. -- 北京 ： 中国商业出版社，2025. 5. -- ISBN 978-7-5208-3452-0

Ⅰ. 01-4

中国国家版本馆CIP数据核字第2025B2M226号

责任编辑：吴　倩

中国商业出版社出版发行

（www.zgsycb.com　100053　北京广安门内报国寺 1号）

总编室：010-63180647　　编辑室：010-83128926

发行部：010-83120835/8286

新华书店经销

北京七彩京通数码快印有限公司印刷

*

710毫米 ×1000毫米　16开　9.5印张　214千字

2025年5月第1版　　2025年5月第1次印刷

定价：50.00 元

* * * *

（如有印装质量问题可更换）

前　言

数学作为教育体系中的核心学科，其复杂性和广度随着学习阶段的晋升而急剧增加。这种提升不仅体现在知识深度上，更重要的是，数学能力对于众多理工学科而言是基础性的需求。数学教育过程涵盖教学蓝图的构建、教学策略的选择、师生互动以及评估反馈等多元环节。当前，随着社会变迁和科技进步，我们正置身于一个智能与数字交织的新时代，这既对教育模式构成了新挑战，也对人才培养设定了更高规格。信息技术在数学教育中的整合已成为一种趋势，它使教学方式更富动态和直觉性，从而提升学生的理解深度和学习热情。借助多媒体工具，教师能以图像、动画等形式将抽象的数学原理具象化，有助于学生高效地领会和把握知识。同时，信息技术还为学生开辟了多样化的学习资源和交互平台，如在线学习网络和专业数学软件，这些工具拓宽了学生的学习视野，激发了他们学习的自驱力和独立解决问题的能力。因此，数学教师应持续提升自身的信息技术应用水平，以适应并优化数学教学的效果。

本书共分为五章。第一章概览数学教学，详述其基本概念，并深入剖析数学教学的理论基础；第二章聚焦数学教学设计与实践，探讨在 PBL 模式、思维导图、翻转课堂及 STEAM 教育理念等多种学习情境下的教学策略；第三章围绕数学教学中的情感维度，先阐述情感教育在数学中的重要性，继而考察数学学习情感的现状及其影响因素，最终提出改善策略；第四章关注数学教学的实践工具，以 GeoGebra、Matlab 软件及交互式电子白板为例，阐释它们在数学教学中的应用价值；第五章针对数学教学面临的挑战，探索实现高质量发展的教学路径，包括提升学生参与度的情感路径、跨学科融合路径、人工智能技术在数学教学中的创新路径以及“教—学—评”一体化评价优化路径，旨在培育学生的数学思维能力，积极推动数学教育的繁荣进步。

据此，作为学生全面发展关键一环的数学教育，应当秉持以学生为中心的理念，积极探索并运用先进的信息技术，以此驱动数学教学的信息化进程，进而孕育出高质量的数学专业人才。

目　录

第一章　数学教学概述

第一节　数学教学相关概念

一、数学教学概念及特点

（一）数学的定义和历史背景

数学的起源可追溯至人类早期的经济社会实践，其基本思想与技术在诸如贸易、地理测绘和时间计量等活动中初露端倪。古埃及、美索不达米亚及古印度的文明孕育了首批数学文献，其中蕴含了解决实际问题的原始数学策略和技术。随着历史的演进和文明的繁荣，数学逐步演变成一个包含精细计算和几何原理的严密知识体系。进入 19 世纪末和 20 世纪初，数学的研究焦点经历了根本变革，从对具象物理空间的研究转向对抽象数学空间的探索，从有限结构的分析扩展至无穷数学领域的研究，这一转型极大地促进了数学理论的深化和广泛应用。

（二）数学的基本概念和思维形式

数学概念乃人类智慧的凝聚，其本质是对现实世界数量关系与空间形态深刻抽象和概括的表现。要透彻领悟数学，首要任务在于准确把握并能灵活运用这些核心概念。这些概念不仅奠定了研习数学基础理论和习得运算技能的根基，而且对提升逻辑推演能力、证明策略以及空间认知技巧具有决定性影响。数学思维主要表现为判断与推理，常以定理、定律、公式等形式体现，而这些思维构造与实践运用的全过程，皆以数学概念为坚实的支撑。故此，对数学概念的深入探究和理解，对于志在数学领域求索精进的学者而言，实乃必不可少的阶段。

（三）数学教学的特点

数学教育，作为教育体系内不可或缺的组成部分，具备其特有的性质和教学策略。首先其特点在于其对逻辑性和精确性的高度重视，每个数学原理、定理及公式都需经由周密的逻辑论证以确立其准确性。此严谨的推理训练不仅深化了学生对数学原理的理解，同时也促进了他们批判性思维的形成。其次，数学教育致力于提升抽象思维能力，借助抽象符号和图形，引导学生领悟数学概念，进而锻炼他们在脑海中构建并运用数学模型的能力，以解决各类问题。再次，教学实践中强调数学的实用性和关联性，将理论知识与现实生活相结合，使学生能将所学应用于解决实际情境中的问题，从而揭示数学理论的实践价值。

最后，数学教育积极倡导创新与探索精神，支持学生在牢固掌握基础知识的同时，勇于涉足数学的新领域，培养其创新思维和问题解决的技巧。如此，学生不仅能积累数学知识，更能发展独立思考和创新解难的能力，为他们未来的学术研究和生活奠定牢固的基础。

（四）数学的应用领域

数学，这门历久弥新的学科，在科学、工程、医学和经济学等众多学科领域内发挥着核心作用，其实践形式即应用数学。应用数学不仅涵盖了对现实问题的求解，还涉及对自然界现象的建模与预测，为工程师提供了剖析和设计复杂系统的技术手段，赋予医学研究者处理生物统计和流行病学数据的利器，同时，也为经济学家构建理解及预测市场动态的理论框架。尽管如此，数学家同样关注那些看似远离实用性的纯数学分支，如抽象代数、拓扑学和数论等。这些理论研究往往在未来的某个时点展现出深远的实际意义，如在加密安全、量子计算和复杂系统分析等前沿领域中的应用。数学不仅是现代科技教育与研究的基础工具，它也在人类历史的演变中扮演着决定性角色，并在社会变迁、经济抉择和文化传承中扮演着不可忽视的功能。从古代文明的精准建筑与天文观测，到当今的互联网创新和金融工程，数学的智慧无处不在，持续推动着人类社会的进步。

二、数学教学内容分析

数学教育的范畴广泛，涵盖了从基础教育、中学至高等教育的各级阶段。通过对相关文献的深入剖析，我国在数学教学研究方面的核心议题可概括为：融合信息技术以革新教学方法、运用概念图促进理解、将数学文化融入教学过程以及致力于培育学生的数学核心素养和关键能力。

（一）融合信息技术的数学教学

随着科技进步，信息技术与数学教学的融合已成为新时期的教育趋势。相关研究逐步演进，涵盖了从多媒体运用、几何画板到深度整合信息技术以及人工智能在教学中的应用等阶段①。章建跃等学者深入探讨了信息技术与数学教学的互动关系，强调信息技术不仅是教学工具，而且是数学教育不可或缺的组成部分。它推动教学内容的革新，有助于揭示数学的本质，提升学生的想象力和创新能力。在实践中，信息技术与数学教学的融合形式多样，如借助信息技术的辅助教学、利用网络平台的自主学习、依托软件工具的探索式学习以及基于任务导向的学习模式等。在设计时，信息技术应立足于数学基础，体现学科特性，彰显数学教育的核心价值。其潜在的教育效益在于，能将数学的抽象性和严密性具象化，促进学习者深刻理解，并锻炼其应用和创新能力。信息技术的融入旨在构建新型教学情境，激发学生的学习热情、主动性和创新精神，支持创新的教学与学习策略，进而达成培养创新型人才的教育目标。教学固然依赖信息技术，但又超越其上；缺乏信息技术的支持会使教学失去光彩，而仅依赖技术的教学同样难以取得理想效果。教育不仅需密切关注

① 蒋培杰，牛伟强，熊斌．国内信息技术与数学教学融合研究述评［J］．数学教育学报，2020，29（4）：96-102.

信息技术发展，更需超越技术本身，实现教学与技术的深度融合。

（二）运用概念图的数学教学

数学核心素养的培育在教育实践中表现为多元性、阶段性及持久性的特征，而传统的评估手段往往侧重于学生对个别知识点的认知，相对忽视了他们对整体概念的理解、批判性思考以及知识的融会贯通。因此，以核心素养为导向的教学评价成为数学教育不可或缺的一环，其精准度和适宜性直接影响教学进程的推进。概念图作为一种创新的评价工具，能促进学生将内在的数学知识外显化、动态化和系统化，鼓励他们全面、灵活且创新地思考。教师通过分析学生的概念图，可精准评估学习成效，进而优化教学策略。同时，概念图在教学设计中也扮演着关键角色，它揭示知识间的联系以及绘制者的思维路径，为中学数学教学设计提供逻辑基础、多样化的教学选项以及方案的优化选择①。为了有效运用概念图增强教学效果，关键在于深度剖析教学内容以构建合理的知识框架，整合教学资源构建完整的教学资源图，以及反思教学模式以构建优化的教学设计图。概念图之所以在评价中表现出优越性，是因为它涵盖了问题解决能力和陈述性知识等多个数学能力维度。近年来，国内研究者日益关注概念图在数学教学中的实证应用，有的采用社会分析法评估初中生对代数概念的理解程度②，有的则通过长期教学实践探索概念图对教学的深远影响③。

（三）渗透数学文化的数学教学

数学文化传播的核心途径是数学课堂教育。当前，数学文化教育的研究聚焦两大方向：其一，探索构建适应数学文化的教学模式；其二，设计有效的数学文化教学策略。研究者通过对比分析，揭示了国内外数学文化教育的差异，指出美国的数学教学强调文化主题的多样性和时效性，常以实践活动为依托，将问题解决贯穿于主题活动之中，课堂内外界限模糊④。反观国内，学者致力于将数学文化内化于数学课程，证实了这种方法能激发学生对数学的热爱和深刻理解⑤。有理论提出，教师的角色可分为给予者、发现者和超越者三种层次，而“备而不课”的教学理念是实现数学文化教学的“整体性、关联性和转化性”，并追求一种“留白”教学境界的艺术体现和创新精神⑥。此外，有研究从“数学教育回归生活”这一关键改革视角出发，为数学教学如何更好地与日常生活相结合提供了新的路径和思考⑦。数学课堂文化的建设对我国课程改革理念的演进起到推动作用，它强调以学习者为主体，是培养全面素质的重要手段，有助于转变传统考核模式，构建基于核心素养的评价体系。唯有将数学文化深植于课堂教学，数学教育才能焕发独特光彩，从而

---

① 童莉，基于概念构图的教学设计：以中学数学教学为例［J］．教育理论与实践，2014，34（23）：46-48.

② 金海月．概念图在评价数学概念性理解中的应用［J］．数学教育学报，2015，24（3）：55-59.

③ 刘荣玄，蔡金，赖清．概念图在数学教学中对学生认知影响的实证研究［J］．数学教育学报，2019，28（1）：83-88.

④ 林佳乐，汪晓勤．美国中学数学教学中的数学文化活动［J］．数学教育学报，2015，24（4）：8-12.

⑤ 伏春玲，冯秀芳，董建德．数学文化在中学数学教学中的渗透［J］．数学教育学报，2011，20（6）：89-92.

⑥ 徐文彬．关于数学文化视域中数学教学的若干思考［J］．课程·教材·教法，2012，32（11）：39-44.

⑦ 陈碧芬，张维忠，唐恒钧．“数学教学回归生活”：回顾与反思［J］．全球教育展望，2012，41（1）：86-92.

实现核心素养的落地和立德树人的教育理想。

（四）落实核心素养的数学教学

我国秉持立德树人的教育理念，构建了针对本国学生发展的核心素养体系。该体系的切实实施与日常课堂教学密不可分①。核心素养作为一种整体性能力，旨在培养学生的高阶思维，以解决复杂多维的问题。以培育核心素养为导向的教学模式区别于传统的教育方法，其教育愿景在于促进学生超越“四能”，实现知识的系统性和跨学科的融合。核心素养驱动下的学习被视为真实性学习，其有效开展依赖真实情境和任务的嵌入。这种教学模式呼唤从基础型教学向创新型教学的转变，以教学科学原理和科学教学观作为新教学实践的理论基石，视学生和教学过程为可变因素，依据教学内容动态调整教学策略，以达成教学目标，促进学生的深度学习②③。数学教学设计在提高课堂教学质量中扮演关键角色，教师在设计数学课程时，应聚焦如何渗透核心素养，赋予学生主体地位，通过参与和探索活动来发展他们的数学思维能力。

（五）培养关键能力的数学教学

进入21世纪以来，全球多国鉴于社会对创新型人才的迫切需求，相继推出教育策略以培育创新人才。其中，数学教育作为基石，其目标已转向强化个体的数学素养。众多学者聚焦于如何在数学教育中提升学生的解决问题能力、问题提出技巧以及反思性学习能力，强调后者作为一项核心能力，能对学生终身发展产生积极影响。他们从时间与空间双重角度出发，提出在预习、授课和复习三个教学阶段中培养反思性学习的具体策略。有的研究通过观察美国小学数学课堂及访谈教师，提倡将问题解决策略有机融入数学课程。有研究运用课堂质量评估手段，整合课堂录像和访谈数据，深入剖析教师如何在数学课堂中促进学生的协作问题解决技能，为我国的数学教学改革提供了有益借鉴。

三、数学教学的现状及困境

在当前日新月异的教育背景下，数学教育正遭遇一系列严峻的挑战与困境。其中，旧有的教学模式常过分强调知识的单维度传授，忽视了对学生数学思维能力和创新意识的培养。以教师为主体、以讲解为核心的教育实践，常将学生置于被动接收的地位，削弱了他们主动探究问题和解决困难的意愿及技能。因此，当面对日趋复杂多变的数学问题时，学生往往表现出适应性和灵活性的不足。

与此同时，信息技术的迅速演进导致数学教学资源日渐多样化，然而，如何高效地整合并运用这些资源于常规教学，依然是一个迫切需要解决的挑战。部分教师对新兴技术及教学策略的掌握不足，导致其在实践中的应用效能受限，进而阻碍了教学质量的提高。此

① 张定强，闫佳洁．论核心素养下的数学教学设计［J］．当代教育与文化，2018，10（3）：69-73.

② 白振华．小学数学教学中培养学生反思性学习能力的思考［J］．教育理论与实践，2018，38（14）：58-59.

③ 于文华，蔡金法，刘美玲，等．美国小学数学教学中的问题提出及启示：以 West Park Place Elementary School 为例［J］．数学教育学报，2018，27（5）：61-65.

外，面对庞大的数字教育资源，教师们常感困惑，缺乏必要的甄选和整合技巧，这在一定程度上加大了资源利用的难度。因此，教育机构与学校应当加强专业培训，以提升教师的信息技术应用能力，同时，有必要研发和推广简洁易用、能直观呈现数学原理和解题步骤的工具与平台，以期推动数学教学资源的高效利用，真正实现教学创新并显著增强教学成效。

在数学教育领域，个体间的差异性显著，这主要体现在学生各自不同的学习起点、能力水平以及兴趣取向上。这些差异在数学教学环境中尤为突出，要求教育者灵活运用多元化的教学策略和手段，以符合每位学生的独特需求。因而，实现因材施教，有效应对各级别学生的学习诉求，成为数学教育亟待攻克的关键议题。教师需深度洞察每个学生的特性和需求，构建能激发潜能、匹配能力的教学计划，以促进所有学生的数学学习进步。

四、数学教学的意义及趋势

数学教育的核心价值体现在它既能塑造学生的逻辑推理能力，也能提升应对现实问题的技能。在学习数学过程中，学生习得的分析与推断方法对日常生活及未来职业发展具有深远影响。数学教育能够点燃学生的求知欲与探究精神，引领他们探寻并领悟自然界法则。作为基石学科的数学，其教学实践对于培育全面素质和科学素养的学生贡献卓著，无可替代。

在当前教育背景下，数学教育正经历着向现代性和多样性的转型，以响应动态变迁的教育诉求与科技进展。信息技术的迅猛进步深刻重塑了教学模式，传统的教育理念正被新颖的教学策略和技术颠覆，数学教学由此突破了单纯的课堂教学束缚，转而借助更富交互性和个性化的学习途径，旨在点燃学生的求知热情，培养他们的创新意识。

第二节　数学教学相关理论基础

一、建构主义学习理论

瑞士心理学家皮亚杰的建构主义理论基础在于儿童通过渐进的“同化”和“顺应”活动，逐步建立起与外界的互动关系。在这个过程中，他们摄取并融合外部信息，进而塑造独特的认知架构。当外部环境出现变化时，儿童会自发地调整和重构其认知体系，以实现认知平衡的状态。

以皮亚杰认知发展理论为基石，科尔伯格拓展性地探索了儿童道德演进，他构建的三维六阶模型如表 1-1 所示，详尽揭示了各成长阶段的道德认知特征。

表 1–1　科尔伯格儿童道德发展理论

水平	阶段	具体表现
前习俗水平（0~9 岁）	惩罚与服从的定向阶段	这一阶段儿童还不具备基本的道德观念，他们认为事情如果受到惩罚就是错的，受到奖励就是对的，当他们发现一个人做这个事情会被惩罚，那么他就不会去做。该阶段最主要的特征是避免惩罚与服从
	相对功利定向阶段	这一阶段的儿童具备很明显的利己主义特征，他们的处世原则是依据是否对自己有利来进行判断的，他们会做对自己有利的事情，反之则不会去做，把自己的利益看作第一顺位，如海因兹偷药的故事
习俗水平（9~16 岁）	好孩子定向阶段	这一阶段的儿童认为被人喜欢和夸赞的行为就是好的行为，他们更倾向于做一个别人眼中的好孩子
	维护权威与社会秩序阶段	这一阶段的儿童认为他们所有的行为都要维护社会的秩序和权威，要知法懂法
后习俗水平（16 岁以后）	社会契约定向阶段	这个阶段的儿童知道社会契约是人类所共同商定，并非一成不变的，这时候他们的行为受自己的意识影响，他们认为符合公正公平的才是对的
	普遍原则定向阶段	这个阶段的儿童有自己的一套判断的标准，而不是像之前人云亦云，他们认为人的动机最重要，认为人的道义是高于一切的

斯腾伯格等学者着重探讨了个体主动性在认知进步中的核心地位，并致力于探究提升个体主动性的有效途径；与此同时，维果茨基的“最近发展区”理论倡导教育实践应瞄准学生的最近发展水平，为教学方法选择和课程设计提供了宝贵的启示。随着建构主义理论的不断演进与精细化，它为当代教育实践奠定了坚实的理论基础。

建构主义理论立足于学生、教师与教学的视角，突出学生在教育情境中的核心角色，视之为学习的主导者。该理论主张，学习并非单纯的被动接收，而是一个积极的建构过程，其中学生借助有意义的学习活动，在个人既有认知结构上整合新知，形成全新的认知框架。教师在此过程中扮演着支持与指导的角色。因此，建构主义对教学实践提出了更高层次的期待，它倡导学生作为学习过程的积极代理人，应当深入探究，有效地运用已有知识经验编织内在的知识图谱，并采取高效的学习策略，以实现深度学习，从而洞察学习的本质，超越对知识表层的理解。

二、人本主义理论

20 世纪中叶的人本主义理论崛起，其理念与行为主义相悖，主张“以人性为中心”，强调教育及学习过程应充分考量个体的独特性和其内在价值。该理论倡导激发个体的主观能动性，凸显学习者的主体地位。人本主义着重探讨人的本质价值与成长，对行为主义中将人等同于动物或机械的观念提出了深刻批判①。

人本主义学派的领军人物马斯洛与罗杰斯。马斯洛在 1943 年提出了著名的需要层次理论，构建了七层次需求模型（依次为：生理需求、安全需求、归属与爱—社交需求、尊重需求、认知需求、审美需求及自我实现需求），并将其归纳为五个递进阶元（见图 1-1）。马斯洛强调个体的心理与行为演进遵循从基本需求至高级追求的顺序，唯有当低层次需求获得满足后，高层次的需求才会显现，进而驱动个体趋向自我实现与成长，彰显出人的主体性本质。罗杰斯坚信个体具有内在的潜能和独特价值，教育的核心任务在于发掘并激发学生的内在潜能。其倡导的无条件积极关注理念已广泛渗透于教育实践中，旨在通过学习过程提升学生的自信心和潜能。

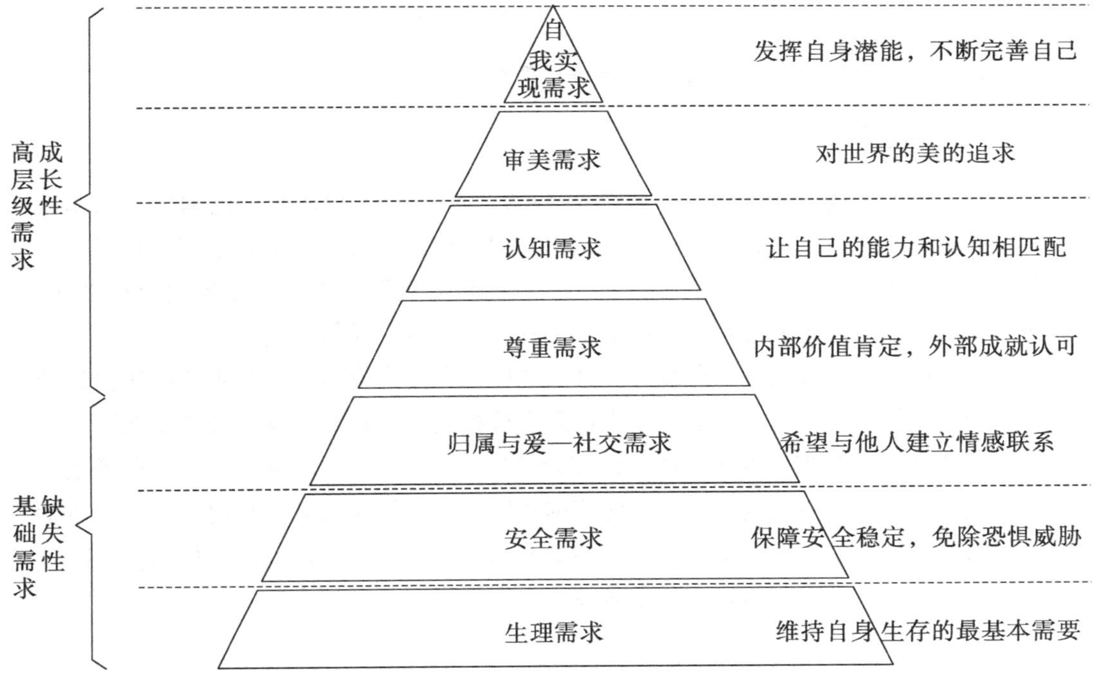

图 1-1 马斯洛需要层次理论

三、差异化教学理论

加德纳于 1983 年提出的智力多元理论揭示了人类具备八种独特智力，且个体间的智力构成与组合方式各具特色，这一认识强调了学生间的差异性，从而否定了采用一刀切教学策略的合理性。在此理论基础上，汤姆林森于 2001 年撰写了《差异教学在多元智能课堂中的实践》，深入探讨了差异化教学的理念，对其进行了详尽的阐述。她指出，差异化教学的核心在于精准把握每个学生的特点，包括他们的性格特质、学习模式及能力层次，

① 鲁冰晗．基于人本主义学习理论对小学数学教学的反思［J］．新智慧，2018（18）：105.

进而实施层次化的教学策略，设计出阶梯式难度的学习活动，以期达成教育的包容性和个体的全面发展。燕学敏对此进行了系统性的梳理和研究，针对初中阶段的课堂教学，建构了相应的理论架构（见图 1-2）①。

教育应当着眼于全体学生的成长，差异化教学理念在此背景下显得尤为关键，其旨在弥合学生间的认知差异，以推动教育公正。通过对初中生数学学习思维模式和习惯的深度剖析，结合层次化的教学策略，可望最大限度地促成每个学生的个性化进步②。

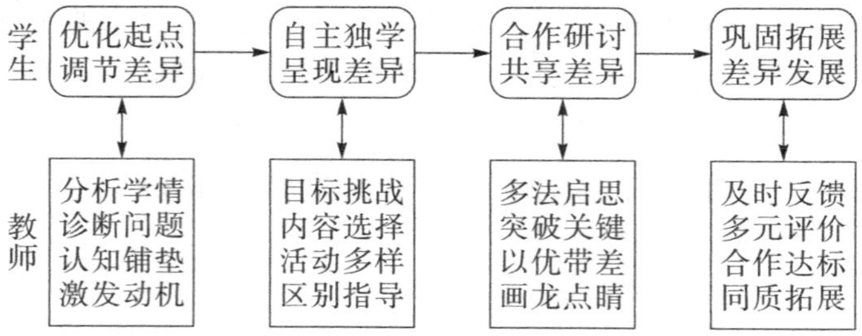

图 1-2　差异化教学理论框架

四、认知负荷理论

澳大利亚认知心理学家约翰·斯威勒于 1988 年构建的认知负荷理论阐述了工作记忆与长时记忆的互动机制，强调学习本质上是将知识结构化为图式并暂存于工作记忆中，经整合处理后得以固化于长时记忆。他指出，人类的认知资源有限，且在短期内难以恢复，工作记忆的容量制约着这一过程，从而揭示了其存储效能的局限性③。

在认知系统面临过度的信息负载时，其效能往往会受到抑制，因此亟须优化信息处理策略。实施这一优化的关键步骤是对输入信息进行精选，去除冗余及无关紧要的部分，仅保留具有实质意义的内容，以此实现“认知减负”。将认知负荷理论应用于教育场景，教师需精通教学材料，并在规划教学活动时依据学生的学习状况灵活调整内容，突出教学核心，同时将复杂知识点逐步分级，以适宜的难度梯度增加有效认知负荷。如此，可防止学生的认知负荷过重，从而显著提高教学成效。

① 燕学敏，华国栋．差异教学课堂模式的理论建构与实践探索［J］．教育理论与实践，2020，40（17）：3-6.

② 胡文艳．差异化教学方法在初中数学中的应用［J］．天津教育，2019（27）：49-51.

③ 李钰，吴华．认知负荷理论的发展及在数学课堂教学中的研究［J］．现代职业教育，2020（7）：50-51.

第二章　数学教学设计与实施

第一节　基于 PBL 模式的数学教学设计与实施

一、PBL 模式概述

（一）PBL 模式的概念界定

问题导向学习（Problem-Based Learning，PBL）的概念，由布鲁姆教授于 20 世纪 70 年代在加拿大的麦克马斯特大学初创，其灵感源自医学院校教学环境与医疗实践中医师工作环境的显著对比。研究人员发现，医学生日常侧重书本知识，而医生则主要专注于与患者的互动。临床医生常常面对的是复杂且不确定的病例，需要不断地重新构建认知框架；然而，医学生的学习过程往往侧重于记忆已确立的事实，追求标准答案。在实际工作中，医生的成功往往取决于能否提出并解决有洞察力的问题，而医学生则较少被鼓励发展这种灵活的思维模式①。认识到这一差距，教育者意识到医学院课程应当更好地模拟临床环境，让学生理解所学知识的实际应用。因此，PBL 模式作为一种教学策略应运而生，旨在促进学生向临床实习的平滑过渡，以增强他们未来专业实践的能力。

自 1969 年麦克马斯特大学开创性地改革医学教育课程以来，新墨西哥大学医学院于 1979 年设立了首个以问题为导向的研究项目。这一创新模式在美国的全面实施可追溯至 1982 年，当时美世大学医学院设立了全国首例完全整合且彻底基于问题的学习医学课程②。自其初次推行以来的数十年间，PBL 教学法已在全球各地的医学院校及健康科学教育项目中占据了显著地位。据报，目前加拿大大部分医学院与美国 80%的医学院校已采用 PBL 模式作为构建部分或全部课程体系的核心策略③。

随后，PBL 方法逐步渗透至多元专业领域，包括工商管理、工程研究、法学教育、领导力培养、护理学、社会工作以及教师教育培训等。时至今日，PBL 已在全球范围内广为采纳和实施，构建了跨文化的开放式学习环境，为学子们创造了丰富的学习机遇与文化交

---

① Gallagher S A. Problem-based learning：Where did it come from，what does it do，and where is itgoing?［J］. Journal for the Education of the Gifted，1997，20（4）：332-362.

② Donner R S，Bickley H. Problem-based learning：an assessment of its feasibility and cost［J］. Human Pathology，1990，21（9）：881-885.

③ Hung W. Problem-based learning：Conception，practice，and future［J］. Authentic problem solvingand learning in the 21st century：Perspectives from Singapore and beyond，2015：75-92.

融的平台①。

一些西方教育研究者视PBL为一种创新的教学策略与模式。有观点主张，PBL本质上是个体的学习历程。布鲁姆和坦布林为此提供了广为认可的定义：PBL源自对疑问的探究或对难题的解决，即问题引领了学习的进程。他们强调，学习起始于面对问题，而非单纯依赖他人的知识传授或自我阅读的资料。他们认为，PBL体现的是人类学习的核心机制，通过解决实际问题所获取的知识更为牢固，远超那些被动接收或自主阅读得到的信息。这些深深烙印在我们记忆中的信息，源于我们日常生活、学校教育、职业活动、社会交往乃至个人兴趣中不断遇到并解决的各种问题。

国内研究者普遍视PBL为一种教育模式，汤丰林与申继亮将其诠释为：该模式是将学习嵌入实际问题之中，形成一种以学生为主体的情境化教学法②。刘梦莲则强调PBL是一种教学策略或教学手段，其核心在于将学习任务融入相关问题情境，促使学生通过协作解决复杂问题，以此挖掘并掌握隐藏于问题之后的科学原理，进而发展学生的创新思维，提高他们的自主学习能力和团队协作技巧，最终增强问题解决的能力③。

分析各研究者的见解可揭示，问题的核心地位是PBL方法实施的要点，其旨在通过驱动学生投入解决问题的活动以推动学习与成长。此模式着重于自我导向的学习和团队协作，要求学生运用批判性思维来探索解答，从而提升他们的问题解决技巧、深化对知识的领悟，并培养协作精神。PBL倡导学生的积极介入和自主学习，致力于在问题解决实践中塑造其批判思考与合作能力。

（二）PBL教学模式的特点

PBL教学法以其独特的设计，将学生置于学习过程的核心，赋予他们高度的自主权和探索空间。在此模式下，学生通过协作探讨和深度探究来集体应对问题，从而实际上转变为了课堂活动的主导者。因此，PBL鲜明地体现出以学生为中心、关注非结构化问题解决、提倡自我驱动学习以及采用全面评估的特征。

1. 以学生为中心

传统教育体系常以教师为主体，讲授式教学占据主导，知识与技能由教师单向传递给学生。然而，PBL模式倡导以学生为核心，强调其主动参与和自主学习。在这种模式下，教师的角色转型为引导者、协调者及评价者，其职责在于创设适宜的学习情境，供给必要的教育资源，协助学生自我构建知识和技能，并给予充分的辅导与支持，激发学生独立思考和表达见解的能力。通过这种方式，学生能在学科实际背景下，接受深度的概念理解、策略运用和反思性思维训练，从而为其未来的探索性学习奠定坚实的基础，提高其长期学习的成功率。

---

① Barrows H S, Tamblyn R M. Problem-based learning: An approach to medical education [M]. Springer Publishing Company, 1980.

② 汤丰林，申继亮．基于问题的学习与我国的教育现实［J］．比较教育研究，2005（01）：73-77.

③ 刘梦莲．基于问题式学习（PBL）的设计［J］．现代远程教育研究，2003（01）：39-43+64.

2. 关注非结构化问题解决

在PBL教学法中，问题的起源与解决构成了其核心循环。毋庸置疑，精心构造的问题是保证PBL成效的关键要素。布鲁姆和凯尔森指出，问题驱动的学习应依托能够引发深度思考的、具有说服力的实际问题情境，这些问题能激发学生提出多角度的假设，并要求融入与课程目标密切关联的知识体系和技能训练，以期提升学生解决问题的能力和创新思维。此外，该教学模式倡导跨学科知识的融合，以实现教学内容的广度与深度。

在探究PBL的过程中，一个优质的提问至关重要，其核心特质表现为开放性和非结构性。这类问题拒绝单一预设的答案，激发学习者的探索精神、批判分析及创新思维。现实生活中的问题往往具有非结构性，解决方案不清晰，要求整合跨学科的知识，可能衍生出多元解答，难以用标准化答案予以涵盖。反观传统教学模式，遵循既定的教学大纲和内容，较少顾及学生的个性化需求和认知障碍。因此，此类模式在应对非结构性问题时显得力不从心，可能导致学生对知识掌握的深度和应用能力不足。PBL则以问题为引领，通过设定这类复杂问题情境，促进学生对多元问题的理解。此外，PBL营造了积极的学习生态，允许学生在面对知识短板或理解难题时，借助团队协作，自主学习，以补足知识空白，实现学科知识的深度融合。

3. 提倡自我驱动学习

PBL方法倡导学生主动投身于问题探究，通过共享和讨论他们对学习内容或议题的个人见解与理解。在社会建构知识的过程中，学生需在团队中展开集思广益、论点争鸣、互为师徒以及协商合作，以期在各种问题上达成共识。此模式揭示了PBL学习环境充斥着疑问与未解之谜，这些元素犹如磁力吸引着学生持续深化探索。学生被鼓励采用“全员教、全员学”的互动方式，伴随着对问题的深入剖析，其知识体系得以不断拓展。在此过程中，学生展现出高度的学习热忱和自主性，他们视解决问题为己任，积极寻求创新策略应对挑战，即使面临挫折也能敏捷地调整方法，坚定地向前推进。

采用PBL方法后，学生得以依据个人的学习节奏与理解水平，自如地调控学习时段，自由选择探究的深度与广度，因而减少了对教师讲授进度的依赖性。这为他们开辟了更广阔的自我反思空间，使他们能深切感受自主学习的魅力。此种模式确证了学生的主体地位，不仅促进了他们的全面发展，更为迎接未来的各种挑战奠定了牢固的基础。

4. 采用全面评估

PBL教学法的核心目标超出了单纯追求问题解答的精确性，其重点在于衡量学习者对问题本质的领悟程度以及他们在知识探索活动中的行为表现。在该教学模式下，学生被激励深入剖析问题，洞悉其内在机理，并借助独立探究、协作研讨及批判性思考来塑造个人的知识架构。此方法论不仅注重知识的积淀，更重视学习者在理解和应对问题时体现出的认知策略、学习技能和团队合作素养。鉴于PBL实践中的多元特性，评估体系宜采取综合性策略，全面考量学生的科研成果、解题过程以及学习行为等多个层面。

综合学者们的见解，PBL的评估体系核心可概括为三个方面：其一，评估紧密对接

PBL设定的多维度学习目标，这些目标不仅包含知识的获取，还涉及技能的磨炼及情感态度价值观的塑造。故此，评估设计应全面覆盖并检验学生对知识的深入理解与系统应用。其二，过程评估在PBL中占据主导，与结果导向的传统评估相异，它更重视学生在学习过程中的动态表现和成长。通过持续监测学生在问题解决、知识建构和团队协作等环节的进步，过程评估能即时提供反馈，引导学生自我反思，优化学习策略，以促进个人成长。其三，评估与实践情境融为一体。鉴于PBL倡导在真实或仿真的情境中学习，评估活动也应嵌入此类情境，以检测学生在实际问题解决中运用知识的能力。在此过程中，评价来源的多样性至关重要，既包括同伴在小组活动中给出的反馈，也包含教师的专业指导，这样的全面评价有助于提升学生的综合素养，推动深层思维的发展。

二、PBL模式应用于数学教学设计的价值

（一）激发学生学习数学的兴趣

在数学教育实践中引入PBL方法，其核心在于创设问题背景并促进团队协作，使学生在自我驱动的学习过程中占据主体地位，有效缓解了学生的紧张感和压力。此模式营造出的轻松愉快课堂氛围鼓励学生将思考与学习融为一体，进而显著提升他们对数学的兴致。此外，团队间的互动沟通不仅潜移默化地提升了学生的自信和表达能力，更激发了他们对数学知识的求知欲和自信心，催生出对数学深层次探索的渴望。

（二）促进学生数学思维能力的发展

PBL强调在学生协作中通过分析与探究问题来领悟其背后的数学原理。问题驱动的思维激发，是指借助提问手段激发学生的思考，以促进其思维能力的发展。在PBL模式中，学生被鼓励积极参与课堂讨论与学习，从问题的提出直至解决方案的形成，他们需深刻解读问题，不断试错并构建解题策略，以此提炼出问题所蕴含的科学概念。同时，学生需仔细聆听团队同伴的观点，对多元解法进行持续反思和深度探索，从而有效锻炼并提升其数学逻辑思维能力。

（三）发挥学生在课堂教学中的主体地位

在PBL教学策略中，课堂讨论成为全体学生的共同责任，每个小组成员需主动阐述个人对问题的洞察及提出解决方案。此模式致力于全方位培养学生的素质，鼓励群体互动的同时，也尊重个体的独立学习与反思。PBL过程强调学生需先独立理解问题，随后在团队中展开协作讨论。因此，在PBL框架下，每个学生既是自主的学习者，也是团队协作的重要一员，承担着与组内同伴有效配合的任务。在整个教学活动中，学生全程投入数学问题的深度思考与探讨，这有利于巩固他们在教学活动中的主体角色。

三、PBL 教学模式在数学教学中的设计原则及流程

（一）PBL 教学模式的设计原则

1. 问题驱动原则

PBL 教学策略的核心特征表现为“问题导向”。正如一位数学大师所言，数学的本质在于“问题”，其构成为问题的提出与解决之法。在 PBL 设计中，问题占据主导地位，教师需依据教学主题，精心挑选并构造出相关的问题情境，此环节可喻为“锚定”学习。学生在接触新知识前遭遇这一“锚”，会尝试运用既有知识结构和生活体验来解析情境、解读活动。如遇困难，教师引导小组协作探讨，在指导中，学生逐渐构建概念及其理解，进而凭借个人的理解与思考策略解决问题。显而易见，问题在 PBL 课堂中扮演着激发思考的关键角色，是教师有效施教的决定因素。PBL 模式着重于通过问题解决来习得理论，旨在唤醒学生的问题意识，磨砺他们的思维技巧。教师的教与学生的学均围绕“问题”展开，揭示了教学活动中“教”与“学”的辩证关系。问题既是学习的起始，也是其归宿，学生在反复地发现问题、提出问题、分析问题、解决问题的过程中，其问题意识和解题能力得以螺旋式提升。这一过程恰恰体现了事物发展否定之否定的法则，即学习进步的直线性和问题解决的曲折性的和谐统一。

2. 合作探究原则

新课改倡导的学习模式转型，核心在于从传统的接受式转向探究式学习。PBL 教学法正契合这一需求，通过促进学习者间的协同探索，营造出生生互动的良性发展环境，进而助力学生在数学领域达成全面发展之愿景。教师在设计教学活动时，需兼顾学生个体差异及学习特性，依据学生的互补优势组建学习团队，并为各组设定具体任务，推动他们共同追求小组学习目标。在实施 PBL 过程中，教师不应急于引导小组合作讨论，而应在遇到关键或复杂问题时巧妙设计合作探究环节，以培育学生的独立思考能力和主动性，避免学生过度依赖同伴，形成思维惰性。教师应扮演引导者的角色，在学生遭遇困难时适时提供指导，旨在构建一个师生共学、共同提升的课堂生态。

3. 循序渐进原则

在 PBL 模式中，教学设计需充分考虑不同年龄段学生的思维与心理成长特性，遵循数学学科严谨的逻辑体系来规划教学。教师需深刻理解教材的内在连贯性，综合分析各教学模块的架构，并兼顾学生个体的认知特质及班级整体学习环境，预先构建教学蓝图。逐步推进的教学设计并不倡导面面俱到，而是强调辨识核心与边缘，区分难易，以凸显关键知识点。教学设计乃精雕细琢之艺术，而教学实践则是一个持续演进的动态过程，教师应依据实际教学情境灵活调整策略，以确保学生对数学概念的稳固掌握。此外，教师需持续创设条件，助力学生跨越“最近发展区”，从而高效达成教学目标并实现育人的宗旨。

4. 实践性原则

教学设计的实践性体现在其能在课堂环境中顺畅实施并达成预设的教学目标。为了保

障教学设计的实践性，教师需整合教学要素，合理配置教育资源，梳理教学内容，以确保教学流程得以圆满执行。在构架教学方案的过程中，教师必须评估教学活动的流畅性，预期课堂教学的效果，以及教学目标能否在限定的时间内高效达成。此外，数学教学中的问题设计至关重要，应涵盖基础及拓展两类问题，教师应秉持以学生为中心的理念，实行差异化教学。综上所述，促进学生的全面发展是教学活动的核心追求。教学设计应具备可操作性，教学任务设定应位于学生现有能力和潜在能力的理想交汇点，以此激发出学生的探索精神，提升他们的学习热情和主动性。运用 PBL 方法进行教学设计时，教师务必遵循实践性的原则，掌握设计的适宜程度。

5. 整体性原则

教学活动本质上乃是一项系统工程，其整体性原则体现为三个方面：首先，教学使命的完整性；其次，教学实施的连贯性；最后，教学目标与内容的统一性。学生作为教学的核心，现代教育倡导的是他们的全面发展。教学内容常依照严密的逻辑体系组织，然而，当前教学设计的症结在于将完整的内容肢解为独立的知识点，继而通过重复的习题操练来强化，导致学生深陷题目的汪洋大海，忽视了知识点间的内在联系，无法构建有效的知识网络和认知结构。因此，有些学生虽能在各个小测验中表现出色，但面对综合性更强的期末考试时，往往成绩欠佳。

（二）PBL 教学模式下数学教学设计流程

教育规划涵盖教学目标设定、教学策略制定及反思性实践三个核心阶段，其详尽的教学设计环节如图 2-1 所示。

在教学目标设定阶段，其定位构成了教学设计的根本。无论是何种设计策略，核心要点皆为深刻领悟课程纲要，细致剖析教材特质，并且准确把握学生的学习特性。课程纲要具备既定性，教材内容则为教师所熟知，而学生的学习情境则处在持续变化之中。因此，即便教材相同，面对不同学生群体，教学目标亦不应一成不变，而应有针对性地设定。尽管对课程纲要的理解存在一定的共识，但从本质上讲，这仍是因个体差异而异、动态变化的。同样，教材的解读与解析也因教师而异，且学生的学习状况具有个性化和动态性。这提示我们，教学目标的设定不宜流于表面或过于宏大空泛，同时也需周全考虑，具备一定的层次结构，并确保能转化为面向全体学生的可实施目标。

在教学策略制定阶段，此互动进程本质上是教师与学生间的动态交流，不仅致力于传递知识与技能，更着眼于提升学生的数学素养、学习态度以及非智力品质，旨在激发学生对数学的热爱。教学设计应以学生为中心，遵照他们的认知发展规律，并彰显教学策略的本质。PBL 模式的教学流程，围绕提出问题、问题分析及解决方案的构建展开。教师需基于对课程目标、教学内容及学生特性的前期分析，预设适宜的教学场景与数学问题，确保问题具有启发性，位于学生的“最近发展区”，匹配其知识与智力水平。教师需设计以问题驱动的教学活动，并预测可能的讨论结果。问题设置应紧密关联教学的具体目标。依据学生的个体差异、思维风格和学习能力，合理组建并分配小组，小组长由学生民主选举产生，引领团队完成学习任务。核心环节是学生借助现有资源独立思考，随后在小组内协作探究，共同寻找问题的答案或解决方案。小组讨论结束后，教师应协调各组代表分享观点，在教师的指导下提炼最优解或结论。最终，教师引导学生进行总结反思，巩固学习成果。

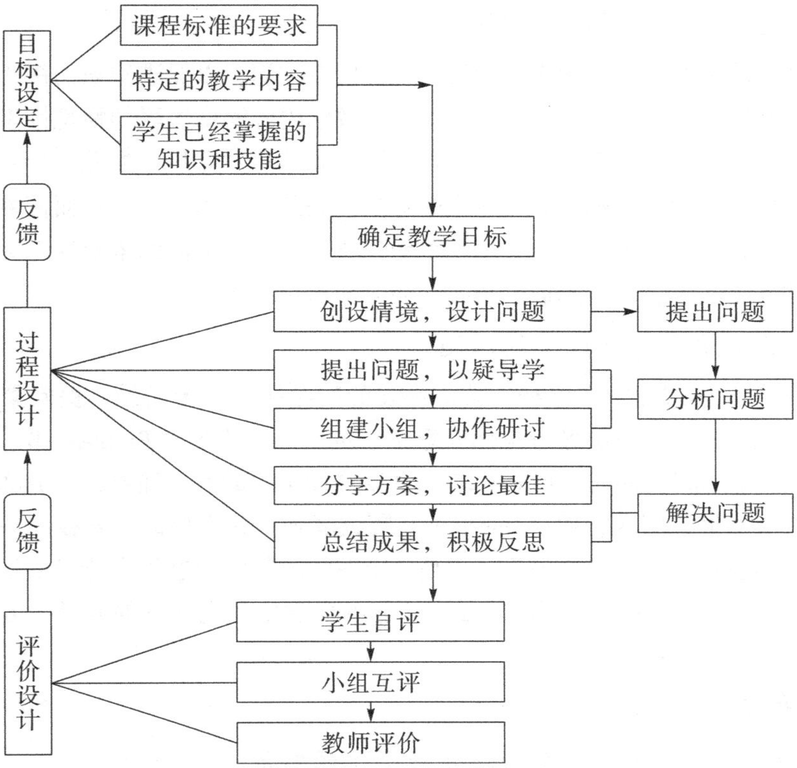

图 2–1 PBL 教学模式的教学设计环节

在反思性实践阶段，教师可融入多元评价机制，包括学生的自我评估、小组间的相互评价以及教师的专业评定。这些评价活动的核心依据是对照教学目标的达成情况。评价手段的选择应灵活适应不同的教学内容，可能涉及课堂观察、口头检测以及团队合作过程中的表现分析。在实施评价时，教师应侧重考查学生的进步轨迹，注重他们已习得的知识、提升的能力、显现的潜力，同时也要敏锐洞察学生的不足，以便在各个层面进行精准指导。

四、PBL 模式下数学教学的设计建议

（一）问题情境的创设

1. 深入发掘教材情境图的设计意图

在教育教学过程中，教材内容扮演着至关重要的角色，教师必须深入剖析教材，领悟其精神实质，以之为出发点创设教学情境，此乃教学活动的初始阶段。教材不仅是教师传递知识的媒介，更是学生在课堂中建构系统认知、开展有效学习的核心资源。因此，教师

应对教材中的情境图像进行深度解读和掌控，探究数学知识点及其相关知识如何与学生日常生活经验相互关联。同时，教师需充分考虑班级学生的认知状态和接受能力，精心设计情境图，确保其适应学生的能力水平，以最大化地发挥教材情境图在提升课堂教学效能上的潜力。

2. 创设贴近真实生活的问题情境

创设问题情境应基于学生的实际生活经验和固有常识，以促进知识的深入理解和有效学习。为此，教师需洞察现实生活，从中挖掘与教学内容紧密关联的情境因素，将数学原理有机地镶嵌于日常情境之中，达成数学与生活经验的巧妙对接。如此，可营造出令学生如置身其中的问题环境，鼓励他们在熟悉的背景下展开思考和探索，从而使数学学习变得生动而易懂。在这一过程中，学生将直观感受到数学对人类生活的重要性，无形中培育他们学以致用的素养和意识，为塑造创新实践型人才奠定基础。

3. 设计激发学生想象探索的问题

审视 PBL 教学模式的操作流程，教师预设的问题往往过于简易，提问策略倾向于零散，未能充分激发学生的深层思考与创新思维。英文原旨中的“Problem-Based Learning”之核心在于“Problem”，而非“Question”。许欣和徐永珍的解析强调，“Problem”是针对具有挑战性的真实世界问题，而“Question”则更多表现为表层的、直接问答的形式。他们认为，PBL 不应仅仅是连串的提问，而是一个在解决问题的过程中持续揭示新问题并逐一攻克的动态过程①。因此，教师需精心构建能触发学生探究精神的问题，方能切实体现“Problem”为导向的学习本质。

（二）学生合作的引导

1. 为学生提供充分合作探讨和分析交流的时间

PBL 教学法的核心特质在于学生以问题为导向，主动探究并挖掘其背后的科学原理。鉴于此特性，教学过程应充分赋予学生时间，以便他们深入讨论、甄选解决方案。然而，受传统教育观念深远影响，多数教师仍秉持应试导向和分数优先的理念，常在教学实践中仅给予学生有限的协作讨论时间。对于那些鲜少出现在考试中的开放式问题，部分数学教师倾向于认为无须深入学习，这种态度实际上抑制了学生创新思维的发展和问题解决技能的提高。故此，教师需在教学规划中加大主观性问题的比例，并勇于放手，保证充足的时间让学生深入研讨问题，确保每个学生都能平等地获得向师长和同伴阐述观点的机会。教师通过指导，旨在锻炼学生的信息分析能力、协作沟通能力和口头表达能力。

2. 组织学生有序地进行小组合作

在问题导向的教学实践中，小组合作占据了核心地位，对整个 PBL 教学流程的效率与成效产生决定性影响。此模式着重凸显学生的主体地位及教师的指导功能，故教师需精心组织学生在小组内的互动，确保他们在探讨问题时能有序进行。在全班展示环节，教师应

---

① 寇敏 . PBL 中的问题设计研究［D］. 南京：南京师范大学，2015.

秉持全面参与的教育理念，为所有学生提供表达观点和呈现思考过程的平台。应有序安排小组代表展示其学习进程记录。在小组策划解决方案的过程中，教师需深入各组，给予建设性指导，密切关注学生的多元观点和思维模式，适时创造条件引导他们围绕核心议题展开深入交流。教师需巧妙掌控课堂节奏，定向调控小组讨论的主题走向和时间分配，以此保障后续教学活动的顺利开展。

3. 引导学生围绕主题进行探讨

小组合作教学模式是践行“以学生为中心”教育理念的重要载体，其特色在于确保所有组员平等发言，激发学生围绕核心课程议题展开深入的知识探究与互动学习。此模式无疑有助于磨炼学生的团队问题解决和交际协作技巧。然而，在实际操作时，面对众多学生，加之部分学生专注力有限，课堂上的高昂氛围有时可能导致某些个体过度兴奋，从而产生与教学内容脱节的思维或举动。因此，教师需频繁地走近学生，进行细致的观察与问询，定期向各小组组长获取合作动态及成员情绪的反馈。对于思想游离的学生，教师应及时施以恰当的引导和点拨，确保每位参与者都能实质性地融入课堂教学。

（三）教师自身的强化

1. 完善 PBL 教学模式的相关知识

鉴于我国在 PBL 研究领域的不足，教师往往缺乏获取相关知识的途径，导致他们对 PBL 的核心元素、特性、教学流程及教育理念的理解有限。为弥补这一差距，教育机构可充分利用校内外资源，譬如建立专注于 PBL 教学法的研究小组，此类举措不仅能够提升教师将 PBL 实际运用于课堂的能力，还将有力推动教育界对 PBL 教学法的宣传，吸引更多专业人士投身于该领域的探索。教师通过广泛阅读相关文献、分析教学实例，深化对 PBL 理解，以此不断优化其在教学实践中的运用，以期实现更高效的教学效果。

2. 端正教育教学观念，尊重学生认知差异

当前时代，PBL 作为一种新兴的教学策略逐渐崭露头角，其教学设计与传统方法相比展现出显著的异质性，导致学生在接纳、领会和适应上的表现各具特色。因此，教师在实践 PBL 时，必须秉持具体问题具体分析的原则，对个别学生采取个性化策略。教师应当深刻理解学生在认知能力上的多样性，以公正无私的态度面对每一个学生。学生间的差异是不容忽视的事实，这些差异不仅体现在认知方式上，还涉及技能展现和情感表达等多元维度。鉴于此，教师在施教过程中应彰显公平，依据学生的特性因材施教，针对他们的不同表现提供有的放矢的个性化指导。这既是教师引领作用的核心体现，也是推动高质量课堂教学持续发展的动力和根本源泉。

3. 优化评价方式，落实评价主体的多元化

与单一依赖分数评估的传统教学方法相较，PBL 教学模式的评价体系显得更为立体和丰富，无法简单地用一次考试来等量齐观。在 PBL 实践中，评价机制需涵盖学生的自我评价、同伴互评以及教师评估这三个核心环节。教师在评价过程中，应全面考虑预习、教学实施和课后反馈等各个阶段，以实现多元化的评价主体，多角度掌握学生的学习进展和自

身教学效果。教师应保持公正客观的立场，提供具有启发性和指导性的评语。此外，重视教学评价的同时，教师也需定期进行教学反思，以此不断审视、监控教学活动，寻求改进之道，从而提高教师的专业素质和教学质量。

第二节　基于思维导图模式的数学教学设计与实施

一、思维导图概述

（一）思维导图的概念

“思维导图”，这一创新的图式思考工具，源于全球记忆力运动先驱、英国大脑基金会主席托尼·博赞的智慧结晶。它以其独特的树形结构，犹如发散的枝丫，囊括了核心概念与关键术语的中心图像及其延伸分支，旨在激发全脑潜能，促进高效思考。思维导图不仅体现为一种放射状的视觉呈现，更是一种融合了创造性的笔记艺术，让人们能够以绘图的方式将思想具象化，生动展现文本主旨。

心智图，通称思维导图或脑图，是一种利用线条、色彩、符号及图像等多元元素构建规则简洁、贴近自然的认知工具，旨在促进知识与大脑的高效对接。它依托放射性思考模式，结合顺序、文字、数字和逻辑，描绘知识间的内在网络，从而促进快速记忆。通过图文并重的表现形式，思维导图致力于深度挖掘人类大脑潜能，进而提升记忆者的思维效能①。

思维导图以图像、符号与文字为载体，生动呈现思维过程，具备激发思考、辅助短期记忆、促进发散与聚合思维的功能。在高中数学教育中应用思维导图，能引导学生逐步深入剖析问题，而非同时处理大量信息，从而有助于梳理数学概念间的内在联系，澄清错综复杂的知识结构，进而促进学生构建全面的数学认知框架，提升其记忆力和发散性思维能力。

（二）思维导图的本质

思维导图本质上体现的是放射性思维的本质，它顺应了人类大脑的自然机能②。其核心目的在于催生并有序组织思考活动，这一目标的达成依赖将思维过程转化为直观的视觉表现，其显著特征为非线性结构。当思维导图应用于数学教育时，它应当蕴含严谨的内在逻辑，以此促进学生的数学思维素养提升。

1. 思维可视化

思维导图作为一种有效的工具，其核心功能在于揭示并构造客观知识体系的架构，实现知识的视觉呈现。同时，它亦能捕捉和表达个体的思维动态与思考成果，从而体现出思

---

① 谭珊．运用思维导图提升高三数学复习课效能的实验研究［D］．成都：西南大学，2018.

② Buzan B，Buazn T. The Mind Map Book：How to use radiant thinking to maximize your brain’s untapped potential［M］. New York：Dutton，1994.

维的可视化特性。鉴于知识的重构与加工离不开认知活动的介入，不同个体对同一知识构建的思维导图展现出显著的差异，这进一步模糊了知识可视化与思维可视化之间的界限①。对比而言，知识可视化主要聚焦于思考的最终产出，而思维可视化则更加强调学习者在思考过程中的内在体验。无论是展现知识的形态，还是映射思考的轨迹，思维导图无疑在实践中充当了视觉化思考的重要媒介。

2. 思维激发

联想与想象在思维激发中扮演着不可或缺的角色，它们相互交织，却又特性鲜明，如图2-2及图2-3所示。联想可定义为由一物象或观念触发对相关物象或观念的记忆思维活动。而想象，则是个体运用已有表象进行创新组合，生成新颖意象的心理过程，本质上是一种独特的思维形态。想象与思维共享紧密的关联，同属高阶认知运作，两者均源于问题情境，受个体需求驱动，并能预见未来情景②。以“小天鹅”为例，联想可能关联到天鹅湖、珍稀物种、黑天鹅以及家用电器小天鹅洗衣机。相比之下，想象则能构建出一幅小天鹅在湖里悠游的画面，使观者仿佛身临其境。由此可见，联想侧重于对象之间的关联构建，而想象则致力于对象内在特性的丰富与拓展，共同促进了思维的活跃与发展。

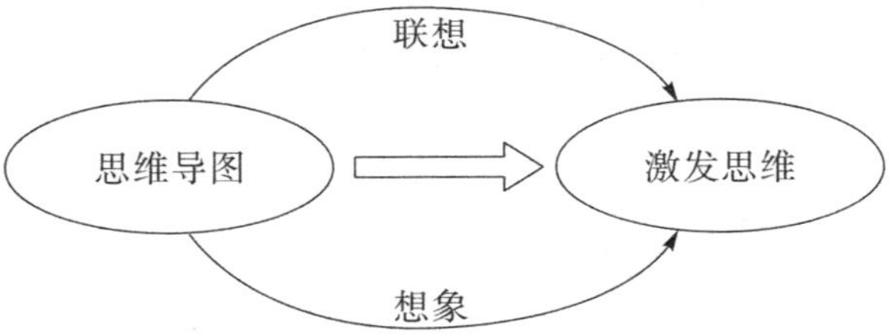

图2-2　借助联想和想象手段激发思维示意图

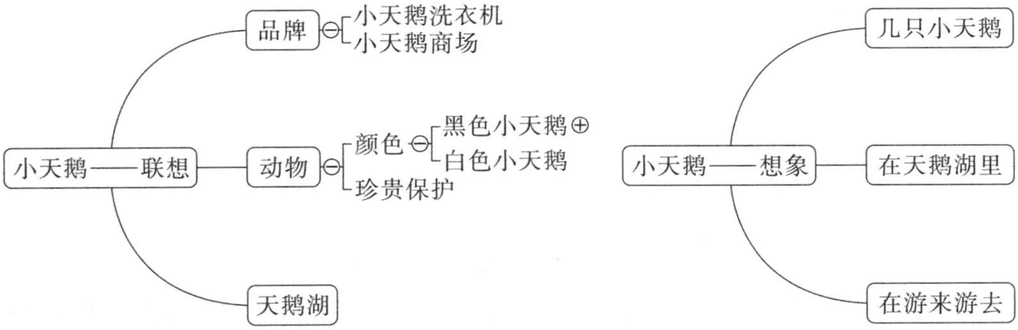

图2-3　联想与想象的联系与区别

3. 思维整理

思维整理实为将混沌的信息序列化为有序的知识结构的关键步骤，旨在减少认知负担，以利于短时记忆向长时记忆的有效迁移。高效能个体往往思维敏捷，其生活中的有序习惯如整理环境，归置物品，皆反映出对条理性的追求，这种秩序感亦扩展至思维空间，

① 赵国庆．概念图、思维导图教学应用若干重要问题的探讨［J］．电化教育研究，2015（5）：78-84.

② 彭聘龄．普通心理学［M］．北京：北京师范大学出版社，2001.

使心理容量显得更为宽广。鉴于人脑每日需处理海量信息，未经梳理便强行纳入，势必导致认知超载。故仅依赖思维导图激发创新思考并不够，更需借助其对已存储于大脑的信息进行系统性重构，形成条理清晰的知识模块，以实现信息的高效检索与应用，犹如提升大脑的处理能力。因此，思维导图作为卓越的思维整理工具，对于思维的深化与拓展起到至关重要的作用。

4. 非线性思维

人们的认知过程可划分为线性和非线性两种思维模式。线性思维表现为单向、递进的直线条理，典型代表为逻辑推理；而非线性思维则体现为多维交错、包罗万象的立体网络，其特征与人脑神经网络的复杂架构相似，包括发散思维和系统思维等。这两种思维模式在本质上呈现出显著的差异，各有其独特优势，且并无优劣之分。如图 2-4 所示，线性思维有助于深度剖析，引领思考直达问题核心；如图 2-5 所示，非线性思维则强调广度延展，有助于揭示事物间的普遍关联。非线性思维为线性思维的深层次探索提供了支持，两者互为补充，共同推动认知的全面发展。

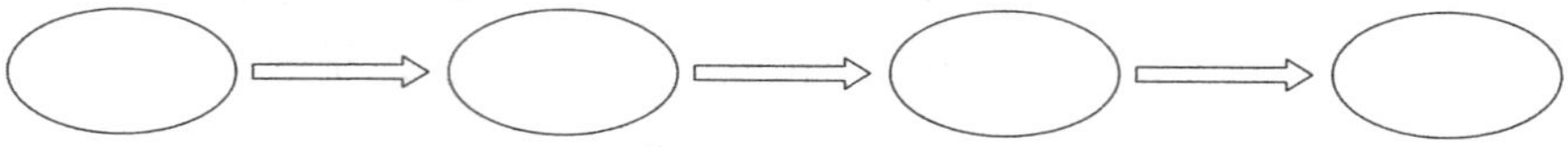

图 2-4　线性思维路径示意图

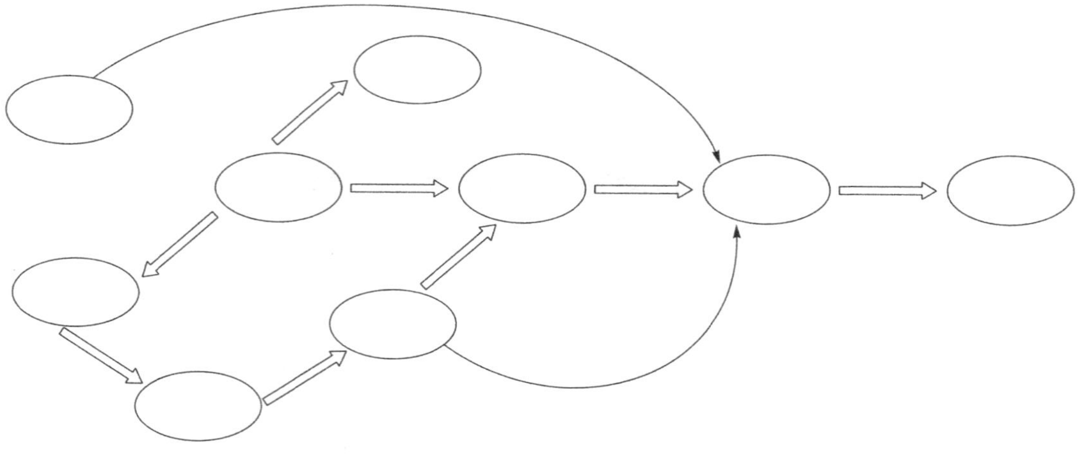

图 2-5　非线性思维路径示意图

人类的认知体系本质上表现为非线性特征，而语言与文字，尽管是文明传承的核心媒介，却受限于其线性的表达方式，往往制约了思维的灵活性，使面对复杂纷繁的信息时，个体的思维能力显得捉襟见肘。为了解放并增强思考效能，人们亟须运用非线性的思维工具。思维导图作为一种卓有成效的方法，能够有效拓展思考深度，激发潜在的创新思维，显著提升思维的发散性和广阔性①。

（三）思维导图的功能

思维导图在各行业的广泛应用可归因于其独特的图像与文字结合的视觉呈现方式，它

① 赵国庆．别说你懂思维导图［M］．北京：人民邮电出版社，2015.

能生动且个性化地描绘思维过程。通过将抽象的思考显性化，思维导图促进了用户的反思、评估和思维校正，这些功效揭示了其多元化的认知工具本质。

1. 描述功能

思维导图作为一种有效的认知工具，能够对个体思考的主题或认知对象进行全方位、体系化的阐述与剖析①。它将文字表述的错综复杂的关联转化为清晰易懂的图形表示，揭示出层次分明、结构有序的关系，使人一望而知，从而促进深入的反思和探究。尤其在定位问题解决的核心要素或寻找创新突破口时，思维导图的作用尤为显著，正如古谚所言“耳听为虚，眼见为实”，强调了其在展现事物间联系、指导问题解决过程中的不可或缺性。

思维导图在体现个性化描述方面独具特色。鉴于个体间对同一对象或现象的认知差异以及独特的思考模式，其表现手法亦呈现出丰富多样的特性。个体可运用个人化的文字选择、偏好的色彩和线条设计以及生动的图形元素，来展现对事物与现象理解的个性化诠释，充分彰显思维导图灵活且个性鲜明的表述功能。

2. 表征功能

知识可视化意指借助视觉呈现以增进知识的创新与传播。其典型应用中，创新性思维导图在个体思维激活与梳理过程中发挥效用，凭借关键词实现快速而精确的概念构建；而传递性思维导图则侧重于理念的传达与共享，常通过简练的短语乃至句子确保知识、观念及信息的精准流转。在此，视觉表征作为可视化的核心工具，利用色彩、线条、图像及关键词等元素，旨在刺激想象力、诱发联想，从而培育用户的创新思维能力。

思维导图在揭示对象间联系方面展现显著优势，其通过层次、分类、并列及顺序等方式实现关系的视觉呈现②。然而，对于关联性、隐喻和比较等复杂关系，思维导图的表达能力有所局限，故其作为一种关系可视化手段，具有一定的适用范围限制。为拓展关系可视化的边界，可运用更为丰富的图表形式，如概念图、韦恩图、鱼骨图、桥型图以及复流程图等，来有效地描绘关联、比较和类比等更为错综复杂的相互作用，如图 2-6 所示。

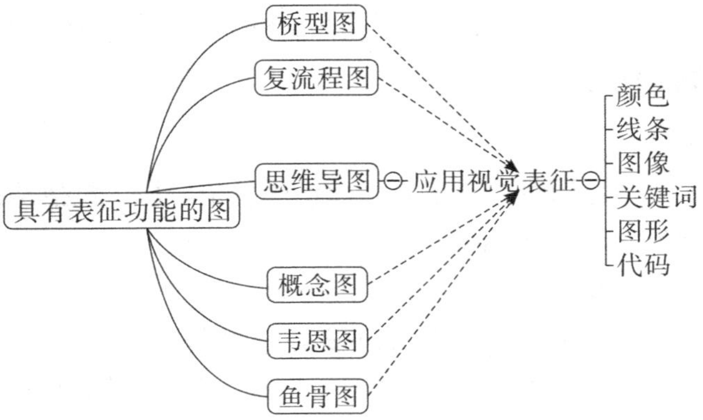

图 2-6　具有表征功能的相互作用

① 董博清．基于思维导图的中学物理教学实证研究［D］．吉林：东北师范大学，2013.

② 赵国庆．思维发展型课堂的概念、要素与设计［J］．中国电化教育，2018（7）：7-15.

3. 设计功能

思维导图作为一种分析工具，用于策划、调整、设计及决策活动，促进个体内部的对话，深化自我认知，通过持续的自我分析和解构，明确个人发展定位，最大化利用个体优势，并有目标性地驱动自我提升。借助思维导图，人们可阶段性地进行反思与总结，对成长路径实施动态监控和适时修正，从而构建起系统的人生规划蓝图。思维导图的本质是对思维过程的可视化展现和阐释，它在激发思考和创新的过程中发挥关键作用，成为问题求解进程中的设计与调整工具①。随着问题演进和理解加深，初期设定的设计和假设会在新的视角下得到批判性审视，理论与实践相结合，以评估其有效性和适应性。制作思维导图的过程即思考内化为外在结构的过程，它激发创意，催生多元化的设想和规划。

4. 评价功能

思维导图在教育评估领域展现出独特的效能，它能揭示学生对知识的思考与整合过程。通过对思维导图的分析，教师可评估学生对知识的理解深度和认知水平，同时洞察其思维层次和质量。作为评价手段，思维导图补充了传统量化考试的局限，两者结合使用能全面评估学生对知识的综合理解和实际应用。此外，这种评价方式能及时、精确地发现学生在知识理解上的薄弱点，为教师依据学生学习状况调整教学计划和教学策略提供依据，进而更有效地指导学生思考，促进其思维能力的发展。同时，思维导图也促使学生自我检查和自我评价，增强了他们的反思能力。

在评估思维导图的质量时，可依据其思维激发层面，聚焦于内容的多元性、关联度及原创性；而在思维整理层面，则着重审视知识结构的梳理程度、内容的完整性以及是否有效促进了创新思维和批判性思维的展现。

（四）思维导图的教学功能

思维导图作为一种有效的教学工具，其应用范畴广泛，包括支持教师的教学探究与课程规划以及协助学生巩固知识理解。通过思维导图，学生可开展深层次的意义构建，增进对知识内在架构的认知，从多维度丰富对知识的洞察，同时扩展思维广度，进而提高他们分析和解决复杂问题的能力。

1. 助力教师的教

在教育实践中，思维导图可渗透于教学活动的各个阶段，包括预备、实施及反思环节，其效能主要体现为以下几个方面。

（1）帮助教师整理知识结构

教师的专业发展可划分为知识关注、自我关注及学生关注三个时期。初级教师往往侧重于教学内容的准确性和完整性，对自身的教学焦虑和非语言表达则相对忽视，更难以兼顾学生的理解和反应。掌握知识深度是新教师初期发展的核心任务。对于多数教师，特别是新手而言，他们倾向于投入大量时间和心血来编写详尽的教学计划，包括每个陈述、问

① 董博清．基于思维导图的中学物理教学实证研究［D］．吉林：东北师范大学，2013.

题及其可能引发的讨论和回应，甚至如何引导学生，所有这些预设都被详细记录在长达数千字的教案中。然而，这种线性的教案设计往往充斥着冗余信息，其内在逻辑和知识框架并不显而易见。当课堂情境产生未预见的问题或知识扩展时，教师原有的规划便可能显得不足，导致教师尴尬，学生困惑，最终影响教学效率。

思维导图作为一种有效的认知工具，能揭示知识体系的内在脉络，强化教师对知识结构的洞察力，增进他们对概念关联性的认知。通过运用思维导图进行备课，教师能够有序地组织思维，显著缓解教学压力。它使教师能够可视化地构建知识网络，当教学实践中出现未预见的创新内容时，教师能迅速在这一网络中定位新内容，从而始终保持在系统性的知识框架内进行教学。思维导图的运用不仅驱动教师进行深度反思，也利于他们整合分散的知识点。教师依据知识架构主导课堂教学，密切关注教学目标的实现，注重引导策略，积极参与学生的互动，利用动态生成的内容来深化学生对知识的理解，激发他们的思维活力。

（2）帮助教师优化教学设计

教学设计是个体教师针对教学内容的复杂性和学生特性，所实施的系统性教学规划。它要求教师运用思维导图工具，对教学蓝图进行全面构思，细致地划分各部分的层次、难度和重心。通过对教材内容与学情的深度剖析，教师需整合并优化各种教学资源，适时作出适应性调整。思维导图的独特性质为教学设计提供了创新视角，特别是在当前基础教育领域广受关注的单元整体教学实践中，教师利用思维导图梳理单元知识结构，分类整合要点，揭示各知识点间的内在关联，识别教学的关键挑战。以此为基础，教师能挖掘深层的教学理念，审视研究方法，以及探究学科核心素养的培养路径，进而增强对教材的整体理解和对知识网络的可视化认知。这不仅推动了教师的专业成长，也有助于他们进行高质高效的教案编制和整体教学布局，以探索更富创新性的教学策略，提高课堂教学实效性。

（3）帮助教师适时调控教学

教育实践本质上是师生间的动态交流，乃一个充满活力与创新的探索过程。学生在学习的旅程中时常会萌发出新颖且富有洞察力的见解，犹如思维的璀璨光芒。他们对特定知识点可能提出独特的理解视角，伴生着新的疑问，这些虽超出了预先的教学规划，却能驱动教师与学生共同深化对知识的理解。因此，教师需要在备课时构建的知识单元思维导图上进行适时修订，以丰富对知识架构的认知。此外，结合包含教学设计和课时布局的思维导图，教师可灵活调整教学进度和策略，确保全面掌控单元教学设计，从而在教学实践中激发创新思考，寻找更有效的教学问题解决路径。

教师运用思维导图技术，不仅构建单元知识架构和教学流程，以便根据课堂动态实时调整整体教学策略，还能够融合多学科内容，衍生出课程蓝图、内容网络图以及跨学科教学设计等多种图表。正如乔恩西蒙所强调，可视化工具能够促进教师深入反思课程内容，对潜在错误观念进行有意识的剖析和甄别，从而实现课程内容与教学方法的精练和优化。思维导图以其突出的核心、有序的结构和显性的关联，利于集中师生注意力，激发积极参与，共同打造逻辑严谨、形式创新、操作灵活、执行顺畅的教学体验，进而增强教学效果，增进学生学习成效。

（4）帮助教师反思改进教学

在教育实践中，教师运用思维导图作为备课工具，通过绘制反映知识内在联系的架构图，可揭示教师对学科知识的深刻理解。同时，构建体现教学流程的思维导图，能体现教师的教学设计理念与思维路径，将教学掌控的深度直观展现出来，进而推动教师对自身教学活动进行深刻的反思与改进。

教师凭借深厚的知识底蕴，精心构思并绘制思维导图，此举可揭示他们长期积淀的教学经验和洞察，进而激发同行间的深入探讨与互动，以提升教学设计方案的品质。此外，一份详尽、精妙、体系化的思维导图能够体现教师对学科教育、跨学科界限以及最新科研动态的深刻理解和整合能力，彰显其知识掌握的深度与广度，同时也外显了教师对知识来源及其演进趋势的深思熟虑，有利于教师审视自身知识架构，并优化教学设计。思维导图将教师对知识体系和教学策略的思考路径可视化，使教育理念得以明确表达，持续推动教师反思并为同行提供参考借鉴，从而在教学实践中实现持续改进，无论是课前规划还是课后总结。

2. 促进学生的学

（1）内化知识结构，深化联系

在学习过程中，学生展现出显著的接受与建构特性，这涉及持续接纳新经验并融入个体认知体系。思维导图作为一种有效的工具，它协助学生在听讲时捕捉教师的思维脉络，促使学生从教师的角度对知识展开深度处理，不断揭示知识内在的关联性，重塑知识的固有架构。通过思维导图，学生能即时构建理解的桥梁，连通新旧知识，可视化地展现思考过程。相较于单纯的文字记录，这种方式更利于清晰呈现讲座内容的层次。当知识整合出现不顺畅之处时，学生能迅速定位，将新知恰当地嵌入知识网络。采用思维导图做笔记，实际上驱动了学习者对知识的动态重构，建立起新知识与其已有认知框架的联系，确保新知精确内化，进而加深理解，强化知识点间的相互作用。

（2）利用组块编码，增强记忆

在教育实践中，众多分散且复杂的概念、公式及基础理论要求学生进行记忆，这无疑加剧了学习者全面理解和整合知识的挑战。1998 年，斯威勒提出的认知负荷理论深入剖析了学习的心理过程，指出当工作记忆的负担降至最低，最利于信息从工作记忆转移到长时记忆时，学习效率将达到峰值。这一理论建立在米勒的前期研究之上，他提出工作记忆的容量有限，大致能容纳 7±2 个信息单元，因此提升每个单元的信息含量是扩大工作记忆容量的关键。思维导图作为一种策略，旨在通过连接多个相关主题来扩展这些信息单元，进而增加记忆总量。构造高质量的思维导图，确保其结构层次分明、逻辑严谨，也能有效地提升信息单元的容量，从而增强学生的记忆能力。

在采用思维导图教学法时，我们发现色彩斑斓的图式与多元的视觉元素能有效激发并维持学生的注意力，引导他们聚焦于思维导图所凸显的关键概念，从而深化对学习主题的理解。将富含信息的思维导图整合为认知单元，有助于提升学生的记忆效能，使他们能迅速而准确地存取和重构思维导图内的知识架构以及知识点间的相互关系，进而促进知识的深入理解和有效掌握。

(3) 构建知识体系，促进迁移

构建知识框架对于揭示各知识点间的内在联系至关重要，此过程促进学生有效迁移和应用知识以解决实际问题。通过绘制思维导图，学生能够洞察知识间的相互作用，深化理解各个知识模块的内在结构，同时有助于修订和完善他们的知识架构。基于思维导图构建的知识体系体现出整体性和宏观视角，使学生能够从高层次把握知识核心与本质关联，进而塑造更系统、全面的知识框架。持续反思和调整的思维导图强调了知识网络的动态性，丰富了知识的深度，梳理了知识的层次，从而助力学生不断优化认知构造，深化对知识本质的理解，并实现对思考方式和问题解决策略的有效迁移。

(4) 表征问题信息，提升认识

在数学问题解决的教学实践中，波利亚提出的解题四个阶段——理解、计划、执行和反思——构成了思维活动的核心流程。在理解阶段，学生借助思维导图技术，清晰标识问题的要素，识别出给定条件与目标问题，进而运用该工具剖析问题结构，规划从已知通向未知的解决方案。思维导图在这一过程中发挥关键作用，激发和联结相关知识，辅助构建知识网络以设计解题策略。执行阶段，学生不断探索思维导图中的知识关联，深化对问题本质的理解，揭示隐藏的问题结构，以确证所选路径的正确性。反思与检验环节，对解题路径的评估和回顾至关重要，它促进学生提炼解决问题的通用策略，有利于同类问题的迁移应用，进一步增强其问题解决能力。

思维导图在问题解决的全过程中扮演着至关重要的角色，它系统地呈现了问题求解的动态轨迹，通过图形化手段捕捉并梳理思维演变。这种工具鼓励学生持续探索和优化问题信息间的关联，从而激发其思维创新。此外，思维导图亦便于学生对解题体验进行深度反思与总结，进而有效增强其分析和解决问题的能力。

(5) 激发整理思维，指向创新

传统头脑风暴方法基于单一主题产生连贯的思考分支，本质上呈现线性特征。然而，运用思维导图，每个图表节点均可充当触发新灵感的源泉，诱发丰富的联想与关联，极大地丰富了思维扩展的可能性。思维导图作为一种工具，旨在促进信息的提取与结构化，以核心概念为起点迅速催生众多相关概念，从而促进学生思维的全面展开，增加思维的广度。在持续的联想过程中，思维得以激发，同时为思维梳理提供丰富的素材。通过思维导图对激发的信息碎片进行整合与归类，激发与整理相辅相成，逐步深化，强化各元素间的联系，最终导向创新的思维境地。

3. 注重过程的评

在教学实践中，教师始终致力于优化学生学习效能，引领学生突破认知瓶颈，以推动其思维能力的提升。评估学生的知识领会程度以及精准定位思维难点，构成了教学工作的核心焦点。

(1) 评价学生知识理解的程度

学生的知识理解程度与层次存在个体差异。思维导图作为一种有效的认知工具，能清晰地揭示学生的思维构建过程，使教师得以直观评估学生对知识的掌握程度。在课程预备阶段，学生构建的思维导图能体现他们对既有知识的理解深度及新旧知识的联结点，为教师提供全面的学生学习状况洞察，进而依据这些信息定制教学策略和优化教学设计。在课堂上，思维导图被用于展示学生的思考流程，使教师能及时发现学生的学习障碍和教学难题，从而选择适宜的教学手段，实施精准的教学指导。课后，通过修订思维导图进行复习，可有效检验学生对知识体系的整体掌握状况。

（2）诊断学生思考过程的障碍

思维导图作为一种有效的教学工具，它揭示了学生的认知架构并暴露其思考路径，从而使教师能洞察学生在理解过程中遭遇的困难。这些困难可能源于学生未能构建起知识网络，或是他们在思维策略上的缺陷，或是知识库存的匮乏。通过对这些障碍的精确识别，教师得以采取适宜的教学策略，有的放矢地辅助学生克服学习难题。

二、思维导图在数学教学中的作用

首先，思维导图作为一种有效的工具，能促进学生迅速把握数学知识的核心架构，从而加速对数学概念的理解过程。借助绘制思维导图，学生得以巩固数学公式与定理的记忆，进而提升学习效能。其次，鉴于部分学生在传统数学教学中可能感受到单调，思维导图的引入能够以生动的方式展示数学内容，吸引学生的积极参与，激发其学习热情。再次，思维导图能够将抽象的数学知识具象化，有助于学生牢固记忆。学生可依据思维导图进行知识回顾，以强化记忆效果。最后，思维导图在梳理数学知识间的逻辑脉络方面发挥着关键作用，有助于培养学生的逻辑推理能力。通过解析思维导图，学生能洞察不同知识点间的内在联系，塑造个人化的思维模式。

综上所述，数学教学中思维导图的应用凸显其价值，它能有效提升学习效能，点燃学生的学习热忱，促进数学知识的系统整合，增强记忆功能，并且有助于锻炼学生的逻辑推理能力。

三、思维导图在数学教学中的应用

（一）思维导图在课前导入中的应用

思维导图作为一种普及的教学策略，在数学教育领域展现出强大的思维组织与知识梳理功能，从而增强了教学效果和学习效能。其在课前预习环节的应用主要体现在：①激发学生的学习热情与自主性；②点燃学生的创新思维与学习欲望；③缓解课堂紧张气氛，通过课前运用思维导图预习核心概念，有助于学生更自信地参与课堂讨论，降低学习压力；④进一步优化学习效率，实现高效学习。

在教学过程中，教师可预先构建思维导图，精心规划其架构与信息，以便学生能于课堂中有效地抓住核心线索。在课堂上，借助黑板或多媒体 PPT 等工具展示思维导图，将教学内容拆解为一系列重点与关键点，以增强重点的显著性。此外，利用思维导图引领学生探索学习材料的深层含义及内在逻辑，进而诱发学生的创新性思维活动。

综上所述，思维导图以其视觉化的特性揭示了知识的起源、发展脉络及其相互关系，而在教学的预习阶段引入思维导图，则能为学习者构建一个条理分明的认知架构，有效促进他们对数学概念和知识点的理解。

（二）思维导图在例题讲解中的应用

在教导复杂例题时，学生通常难以仅凭文字或口头描述把握全程，对于知识的构建脉络和逻辑链条更是感到困惑。此时，思维导图作为一种有效的辅助工具，能以直观的图形形式揭示问题解决的步骤和逻辑结构。其简易的操作性也使学生能迅速习得解题策略，从而深化对知识点的理解。首先，教师在备课阶段需精心构建思维导图，确保其内容清晰、层次分明、复杂度适中，以充分体现解题思路，避免造成学生的认知困扰。其次，在课堂讲授环节，教师应借助思维导图逐步展开分析，详细解读图中的各个要素，如决策点、条件判断和计算步骤，使学生通过图形掌握完整的解题流程和逻辑框架。可采取“整体—局部”的讲解策略，先展示整体逻辑关系，随后逐层剖析细节。最后，在教学过程中应强化师生互动，教师应及时引导学生思考，纠正可能的偏差，同时激发学生主动提问，探讨思维导图未涵盖的情形，以促进对解题方法的深度理解和灵活运用。

（三）思维导图在新课授课中的应用

在数学新课程的教学实践中，采用思维导图策略具有显著优势。首先，思维导图能协助教师系统性地梳理课程架构，以层次分明、结构有序的形式呈现新概念，从而增强学生的理解和掌握程度。其次，这一工具能提升学生对知识的理解记忆，激发学习热情与思维潜能，进而优化教学成效。教师在开课前可预先构建思维导图，整合关键知识点、重点难点及示例问题，此举有助于教师明确课堂教学焦点，同时也让学生对即将学习的内容有清晰的认识，为高质量的教学做好准备。在课堂上，教师借助思维导图将抽象知识具象化，生动展示解题策略，使学生通过视觉化的学习途径深化理解。在传授新知的过程中，教师利用思维导图引导学生主动思考和探索，学生通过观察其结构能洞察知识点间的内在关联和逻辑顺序，这不仅促进了知识的理解，还有助于他们培养独特的思考模式和解题技巧。

四、基于思维导图的数学教学设计优化策略

（一）数学教学中思维导图应用的优化策略

在教育实践中，教师承载着多重身份，既是教学活动的策划者与引领者，又是知识的传递者，对塑造课堂氛围和导向起着决定性作用。其教育理念与教学技巧对教学成效具有深远影响。因此，为了在数学教学中充分挖掘思维导图的潜力并达成优质的教学成果，关键在于提高教师队伍的专业知识水平，强化教师群体的教育教学能力。这可以通过有针对性的专业技能培训得以实现，进而高效推行思维导图教学法，点燃学生的求知热情，具体的策略可依此展开。

1. 教师转变思维导图的教学观念

为在数学教育中充分发掘思维导图的潜力，教师需革新教育理念，并深入理解这一工具的本质。这包括教师不仅要系统学习思维导图的理论基础，形成理性的认知，更要树立

以思维导图为支撑的教学观。在数学课堂上，教师应超越单纯的知识技能传递，致力于培育学生的协作精神，引导他们通过合作分析问题，体验数学之美，激发创新思维，实现深度教学。尽管大多数教师认识到思维导图的教学价值，但其主观认知可能限制了其潜在作用的发挥。实例研究显示，部分教师倾向于使用思维导图归纳课程要点，认为它有助于构建知识体系和梳理知识结构。然而，教师应更客观地理解和运用思维导图，懂得如何通过它构筑思维的桥梁，以图形化的方式推动学生思维的发展。这就需要教师深入领会思维导图的教学策略，并将促进学生思维发展作为教学的核心目标。

教育者须秉持科学的教学理念，尤其是数学教师，他们需深入研读数学课程纲要，结合教材的精髓，以思维导图作为教学工具，通过自身的教学活动激发学生的学习动力，进而培养他们的自主学习习惯。在此过程中，至关重要的是坚持以学生为主体，使他们在教学活动中占据中心位置。在课堂上应用思维导图能帮助学生形象直观地掌握知识，有效激活其思维活力，进而促进全面而深入的问题思考，既涵盖横向的联想创新，也包括纵向的深度剖析，实现多维度的认知。教师应着力发掘学生的内在潜力，尊重并强化其主体角色，以此推动学生认知层次的提升，从单纯的接受知识转变为积极探究知识，这无疑对学生的抽象思维能力发展起到了积极推动作用。

教育的核心不仅限于传递学科内容，更在于引导学生领悟并运用数学的思想与方法。教师作为教学活动的主导者，需摒弃认为思维导图占用过多课堂教学时间的观念，转而探索优化教学策略以确保教学节奏的科学性。思维导图的功能超越了辅助知识习得和巩固的范畴，它在提升学生对知识理解深度和记忆效率的同时，也有力地培育了他们的发散性思维，使抽象的思考过程得以具象化展现。值得注意的是，思维导图的应用并不局限于习题课和复习课，其价值在各类课程中都能得到充分体现。

新授课作为传递新知的核心环节，在教育实践中具有举足轻重的地位。教师对教学流程的精心策划与教学节奏的精准调控，直接影响着学生能否达成预设的教学目标，以及有效吸收并运用新知识。在课程启动阶段，教师可借助思维导图梳理已学内容，引导学生回顾与温故，以层次分明的视觉结构强化学生对原有知识的理解和记忆。这一过程中，学生将在已有认知基础上自发构建个人化的思维导图，定位新知识在知识体系中的定位，架设起新旧知识间的认知桥梁，探索其相互关系与差异，进而构筑起系统性的知识架构，为后续学习奠定坚实的基础。此外，思维导图作为一种有效的可视化教学手段，教师还可利用其揭示数学思维的本质，以提升学生分析问题和解决问题的能力。

在教学实践中，思维导图作为一种有效的工具，尤其在阐释新知与既有知识的关联以及澄清易混概念时，显示出其独特价值。教师借助精心构思的思维导图，能够清晰地展示知识间的对比与联系，有助于学生构建起系统的认知框架，进而促进全面深入的学习。学生在整理和归类信息的过程中，运用比较分析的方法配合思维导图，能更精确地揭示各知识点的异同，有效地减少知识混淆现象，从而加深理解并强化辨识能力。

在复习教学环节，教师可采用自我探索或协作讨论的方法引导学生重构既有知识体系，利用思维导图工具设计学习清单或概要，使学生能将相互关联的知识点编织成有机的整体，构建起知识网络，进而促进其发散性思维的发展，实现深层次学习的目标。整合同类或相互关联的知识，强化其系统性，有助于巩固学生的记忆。每个微小分支间的联结揭示了有意义的学习过程。此外，思维导图也能有效整理零散知识点，赋予其结构化特征，清晰地展现学习内容，从而助力学生以巧妙、高效的记忆策略替代机械式的记忆方法。

2. 教师参与思维导图的相关培训活动

为提升教师对思维导图的运用能力，学校宜定期举办专题培训，邀请思维导图领域的专家学者指导教师，同时激励教师积极参与并接受考核。理论根基的稳固至关重要，教师需在掌握思维导图的基本理论，包括其起源、发展历程、绘制技巧及在数学课堂中的应用策略后，方能实现从理论到实践的顺畅转化，从而发挥思维导图在教学中的优化作用，增进教学成效。有效利用思维导图于数学教学，教师需频繁参与培训，观看教学录像、研究优质案例，借鉴优秀教师的经验，以适应不同学生需求，塑造个性化的教学模式。教师还应持续在培训中深化理解思维导图的教学精髓，将之融入实践，增强教学的灵活性和有效性。鉴于教学活动的复杂性、创新性和情境性，教师需灵活运用技术，不断审视自身教学实践，积累教育智慧。因此，教师应在培训过程中勇于实践，善于总结，以此提升自身的教育教学技能。

（二）提升教师对思维导图的教学应用能力

1. 提升教师对思维导图的教学应用能力

在数学教育实践中，教师可灵活选取一次性完整展示或逐步揭示知识点的思维导图方法，其选用策略应依据具体教学内容。调研结果，包括问卷、访谈及案例分析，揭示了大量教师倾向于在课堂总结阶段展示综合性的思维导图，以此整合并巩固学生的学习要点。尽管这种一次性展示的方式广为采纳，但其潜在地限制了思维导图的多元展现形式。以教授简单方程为例，分步骤展示等式和方程的概念更有利于学生的辨别与记忆。故此，教师在运用思维导图时，宜采取逐步深入的展示策略，以促进学生的理解和记忆。教师需破除固定模式，充分考虑教学内容及学生的认知状态，以选择最适合的展示方式，以期实现教学效率的最大化。此外，思维导图的应用不应局限于习题课和复习课，同样可在新授课中发挥积极作用。

2. 避免思维导图运用流于形式

在当前教育背景下，数学教学中思维导图的运用日益普及，这无疑是一种进步的教育实践。然而，部分教师并未深入理解其精髓，仅仅将其视为应对教学评估和任务的手段。如此机械地引入，非但未能挖掘出思维导图提高教学质量的潜力，反而可能加重教师的教学压力，并让学生及家长认为此举徒增无效劳动。因此，教师在教学过程中应避免盲目跟风，诚心接纳并充分发挥思维导图的效能，有针对性地融入教学设计，以确保其教学效益得以充分展现。

（三）提升教师有效绘制思维导图的能力

1. 组织教师参加绘制思维导图技能培训

教师已对思维导图具备一定的理论认知，故此，有必要深化其绘制技术的实践训练。为此，学校需策划并推行思维导图制作的专门培训项目，鼓励教师积极参与，开展涵盖绘制技巧、优化策略以及学生作品评估等多个方面的教学。这些培训活动有助于教师在绘制思维导图时减少主观失误和提高完备性，从而促进数学教学效率的提高。构建思维导图培训框架，通过专业课程传授理论基础，赋予教师充足的实践机会，在真实的教学环境中探索思维导图的效用与功能。此外，通过学习和模仿思维导图教学模式，教师能逐步发展绘制、运用及评价思维导图的能力。创新课堂的构建需要教师与学生的共同努力，以持续激发思维导图应用的生命力和价值。

2. 提高思维导图绘制类型和功能的匹配度

思维导图在教育中的应用旨在增强教学效果，其设计需兼顾学生的个体差异与课程的教学目标。教师在绘制时，应全面考量内容的复杂性、思维导图的结构特性、类别及其预期功能。这些要素的深度融合与巧妙结合是优化数学教学的关键，有助于增强学生理解和学习的效能。这要求教师具备深厚的理论根基，并通过反复实践、持续反思和总结，逐步优化思维导图的构造和功能匹配。这一过程是渐进的，需要不断地试验与修订，以臻于至善。

（四）提高教师数学教学使用思维导图的频率

1. 进行思维导图教研活动

为提高教师的科研与教学水平，可推行以思维导图为焦点的教研项目。此类活动旨在深化教师对思维导图的认识和理解，促进其对这一工具的掌握。同时，应积极激励教师广泛运用思维导图，并创造条件让他们有机会互动切磋，共同探讨思维导图在教学中的应用，借此交流学习，取长补短，实现持续的专业发展。

持续开展教研活动对教学进程具有积极的推动作用。在数学教育领域，教师间的经验交流与学习能够促进个体教学能力的增强，同时也有利于整体教学质量的改善。调查表明，部分教师缺乏系统学习思维导图理论知识的机会，而教研活动则为他们提供了平台，以分享和探讨思维导图在教学实践中的应用心得和经验，进而实现互鉴互学，优化其教学策略。教师可依据个人需求设计思维导图专题的教研计划，在实际教学中深化探索，这不仅加深了教师对思维导图教研的理解，也使他们更深刻地理解思维导图对提升数学教学成效的作用，从而更好地发挥其教学支持功能。另外，教研组长可组织团队共同参与教研，挑选恰当的教学实例，共同备课并集思广益，以探究如何有效地绘制思维导图，最大化其教学效益。

2. 进行思维导图竞赛活动

定期举办思维导图创作比赛，对表现出色的教师予以各类荣誉奖励，可有效提振教师运用思维导图的教学积极性。同样，组织学生参与同类竞赛，针对同一数学问题绘制思维导图，并辅以激励机制，为他们提供肯定与支持，赛后展示优胜者的成果，便于校内同行及同学间的观摩学习。此举不仅提升了教师对思维导图在教学中的重视，也增强了学生对其在学习中辅助作用的认知。持续开展此类竞赛，悄然增加了教师和学生使用思维导图的频次，透过反复实践促使他们探索绘制技巧。通过教师互评、学生互评以及教师对学生的评价，教师逐步掌握思维导图的评价准则和技能，进而激发创新潜能。思维导图竞赛也在一定范围内激发了学生的学习动力，培养了他们的竞争意识。

（五）数学教学活动中思维导图应用的优化

1. 注重教学过程，优化教学方法

为维护课堂秩序，教师可在教学进程中融入思维导图的绘制指导，让学生在掌握一定技巧后独立完成，并鼓励同伴间交流。通过组织小组依次汇报，可避免内容杂乱无章。为确保学生对知识体系的清晰理解，教师宜在绘制前梳理课程要点，揭示新旧知识的关联，构建学生的知识架构。针对部分学生在整理知识时的被动状态，教师需革新教学策略，倡导小组讨论，促进主动参与，使每个学生在交流中受益，理解知识点间的相互关系。因此，教师应优化教学时间管理，鉴于高年级数学的复杂性，在采用思维导图教学时，选择若干典型小组进行汇报即可，以保证整理的质量和后续的复习空间。教师的针对性反馈有助于学生识别并改正绘制中的不足。关键在于教授有效的绘制技巧，使学生具备自我延展的能力。

教学流程涵盖导入、新知传授、巩固练习、课堂总结及课后作业等关键步骤，这些环节对教学进程的完整性至关重要。在各个阶段巧妙运用或创制思维导图，有助于激发学生的思维潜力，充分释放教学效能，进而引导并促进学生的思考进程①。在数学教育中揭示思维过程，需借助思维导图，使学生深入领悟数学思想在学习中的作用，防止其应用仅停留于形式层面。思维导图以其静态图形展示知识结构，同时彰显逻辑思维与思考过程。因此，数学教师在应用思维导图时，应深入探索其潜在的教育价值，把握其中蕴含的隐形逻辑。教学策略的选择应富于灵活性，尊重学生的主体性，通过多元化的交流互动，激发思维冲突，推动意义构建的动态过程。

2. 加强反思意识，优化教学效果

持续的反思是促进进步的关键。教师在完成一堂课后，应当审视自身在构建思维导图时的不足，以此为依据进行重绘和优化。同时，与资深的高中数学教师交流分享，积极汲取他们的实践经验，主动向精通思维导图绘制的同行求教，通过不断的揣摩和反思，提升教学应用的效能。此外，教师需悉心听取学生的反馈，识别他们在学习中的困难，并提供具有针对性的指导。鼓励学生间的互评，随后教师再对学生的评价给予回应，针对各类汇报采取差异化的评价策略。唯有精准定位问题并采取积极的解决措施，方能实现教学质量

① 李中国，惠连晓．思维导图与课堂教学融合的问题、原则及策略［J］．教育与教学研究，2019，33（6）：25-34.

的显著提高。

持续的教学反思对于即时解决教学难题至关重要，同时也为未来的教育实践指明了道路。新课改不断敦促教师更新教育观念，然而，这一观念的形成并非一蹴而就，它源于教师长期的教学实践，并要求教师自觉地转变角色，从单纯的常识传递者转变为协作与引导并重的现代教育者。特别是在数学教育中引入思维导图后，教师尤应深入反思，审视教学目标是否聚焦于思维培养，所构建的情境是否契合学生的认知层次，以及是否充分激发了学生的主体作用。这种不断的反思探究有助于教学活动的修正和完善，进而推动教师的专业成长，确保思维导图在教学中的高效应用。

第三节　基于翻转课堂模式的数学教学设计与实施

一、翻转课堂模式概述

（一）翻转课堂的本源

回溯至20世纪末，埃里克·马祖尔创新性地提出了“同济互助教学法”，该方法倡导以“合作学习”为载体，旨在提升学生的综合能力。他将学习过程划分为知识传授与知识内化两个阶段，并强调后者对于激发学习活力的重要性①。随着计算机技术在教育领域的应用，马祖尔教授观察到其对知识传授环节的显著促进作用②。这一时期，教师的角色经历转型，从传统的讲授者转变为引导者的角色。教师需调整教学策略，将关注点更多地投入促进知识内化的活动中，通过适宜的方法指导学生开展互助学习，协助他们识别并解决潜在问题与认知误区③。马祖尔的见解引发了学术界对传统教学模式的深刻反思，推动了对知识内化过程的重视，促使教育工作者重新评估并重构原有的教学模式。

21世纪初，《颠倒课堂：通往包容性学习的道路》（*Upside down the classroom：a path towards inclusivity in learning*）一文首次引入了“颠倒课堂”这一概念④，预示着后来的“翻转教学”理念。尽管文中未明确提及“翻转”一词，但其内含的教育模式已显露出翻转课堂的雏形。这一术语的规范化定义归功于J. 韦斯利·贝克，他详尽阐述了一种翻转课堂模型：教师借助网络平台实施线上教学，以此取代常规的家庭作业环节；课堂内，学生则有更多机会主动掌握知识、深入探究问题。自此，“翻转”成为教育领域的一个关键术语，翻转课堂的理论框架也日益明朗化。

（二）翻转课堂的内涵

翻转课堂作为一种创新的教学策略，彻底重构了常规的教学顺序。在此模式下，教师

① 张渝江．翻转课堂变革（国外各个实证模型）［J］．中国信息技术教育，2012（10）：118-121.

② 王红，赵蔚，孙立会，等．翻转课堂教学模型的设计：基于国内外典型案例分析［J］．现代教育技术，2013（8）：5-10.

③ 李晓文，李羽．课堂话语环境的构建策略探究：基于“翻转课堂”的教学实践［J］．职教论坛，2015（8）：74-78.

④ 张金磊，王颖，张宝辉．翻转课堂教学模式研究［J］．远程教育杂志，2012（4）：46-51.

会提前制作并提供课堂讲解的视频资源或学习材料，让学生在课前独立学习，从而按照个人的学习步调消化新概念。同时，原本属于课后的作业与实践活动被移入课堂，转化为集体探究的环节。在教师的悉心指导和促进下，学生通过参与小组研讨、角色扮演、案例分析等多元化的交互活动，在更为轻松的环境中深化英语学习。这一方法的核心要求是学生需在课前充分预习，观看视频并完成预备任务，以确保他们在课堂上的积极参与，进而实现更高效的学习成果。

在全球范围内，翻转课堂的教学模式日渐盛行，其在教育领域的关注度日益攀升，备受教师和学生群体的推崇。该模式的适应性和动态性被认为对教与学双方都具有显著优势。在教师方面，翻转课堂作为一种创新教学策略，能促进更高效、更具互动性的教学实践，以适应学生个体化学习需求。而对于学生而言，此模式赋予他们自主安排学习时间的自由，可根据个人节奏定制学习路径，既提升了学习效能，也有利于激发学习兴趣和批判性思维的发展。进一步说，翻转课堂通过反转常规的授课与作业顺序，强化了课堂内的协作讨论，营造了更为活跃的教学环境，对提高教育质量产生了积极而深远的影响。

尽管翻转课堂被誉为创新教学法，受到了一定的质疑，认为它并未实质性地重塑教师角色——从传统的讲授者仅转化为学生的学习顾问，其本质转变并不彻底。面对这样的批评，翻转课堂在国际教育领域及各级学校的广泛尝试和实践表明，不同的观点共存是教育改革过程中的常态。

（三）翻转课堂模式相关理论

1. 最近发展区理论

苏联心理学家维果茨基创新性地提出了最近发展区的概念。从心理功能的视角看，他认为儿童出生时就拥有一系列本能的低级心理机能，如感觉、知觉和情绪，这些机能使他们能初步适应环境①。随着年龄增长，儿童在与成人的交往和互动中，这些机能逐渐发展和升级。教育是维果茨基探讨这一现象的关键角度，他提出的最近发展区理论阐明了个体在发展中存在的两种状态（见图 2-7）。一是当前水平，即在教师引入新教学内容之前，学生已能独立处理问题的能力，这种能力无须外部辅助；二是潜在水平，表现为面对复杂问题时，学生尚无法自我解决，需依赖教师的新知识传授或同伴的协助才能克服，这反映了教学干预所能激发的潜能。

翻转课堂的教育策略本质上倡导以创新教学法挖掘学生的潜在学习能力，这与最近发展区理论的核心理念遥相呼应，故而该理论对翻转课堂的实践具有重要的导向作用。预习阶段的微视频教学内容应确保适应学生的现有认知发展阶段，力求与他们的认知水平保持紧密关联；而在课堂活动中，学习难度应适度提升，教师引导式的问题探究以及同学间目标明确的协作交流，皆有助于引领学生跨越最近发展区，实现顺畅的学习进步。

① 戚瑞丰．“最近发展区”理论及其在西方的发展［J］．学前教育研究，2003（5）：11-12.

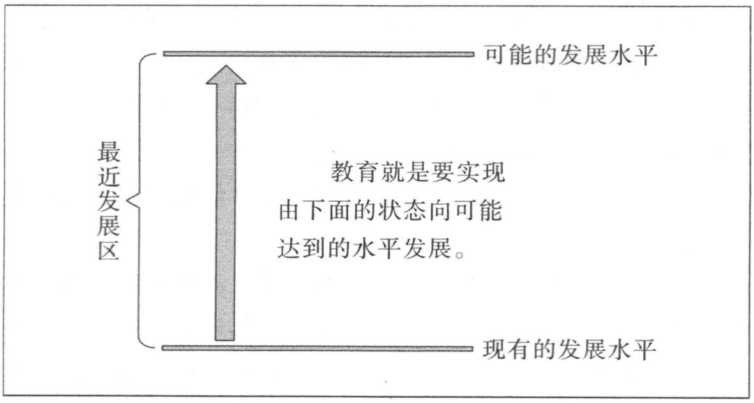

图 2-7　最近发展区理论

2. 混合式学习

自 20 世纪 90 年代初期以来，网络学习已引起广泛关注，并在教育领域持续受到推崇。其备受青睐的原因多样，核心优势在于其时间和空间的灵活性，使学习者能随时随地通过网络接入，自由获取所需知识。随着网络教学日益普及，全球教育界展开了关于其能否颠覆传统课堂的深入讨论。2000 年，美国教育部在"教育技术白皮书"中指出，尽管网络学习展现出鲜明的时代特征，但它并不能完全取缔学校教育，但两者的融合有望显著提升教育成效①。这一见解得到了国际教育界的广泛认同。混合式学习的概念涵盖广泛，它提倡在多元学习理论的框架下设计学习策略；主张线上平台整合优质课程与辅助资源，如经验分享，以促进学习者的学习借鉴；同时，融合不同的学习环境和方式，旨在凸显学生的主体地位。

翻转课堂作为一种创新的混合式教学策略②，其核心特征在于将网络学习元素融入预课阶段，而在课堂时间内，教师则以指导者的角色引导学生进行深度探索或团队协作，以此促进知识的吸收与个人学习效能的增强，这恰恰体现了对传统课堂教学的重构和混合学习理念的实质要求。

3. ARCS 动机理论

（1）ARCS 动机模型的起源

1979 年，凯勒教授在佛罗里达大学首次阐述了动机系统设计的构想，此理念构成了 ARCS 动机模型的理论根基③。此事件引发了学术界对增强学习效果中学习动机关键性的广泛认知。自 20 世纪 80 年代起，众多研究者对此展开持续探究，直至 1983 年，凯勒进一步提炼出影响动机的四大要素：兴趣、关联、期望和满足感。经过四年深化研究，他将"兴趣"转为"注意力"，并将"期望"替换为"自信心"④。最终，在 1987 年，形成了

① 甘忠伟 . Blended Learning：数字化学习方式的新趋势［J］. 苏州市职业大学学报，2007（1）：85-87.
② 何克抗，林俊芬，张文兰 . 教学统计设计［M］. 北京：高等教育出版社，2006：248-250.
③ 朱洋洋 . ARCS 动机模型研究的新进展［J］. 电脑知识与技术，2019，15（5）：268-269，271.
④ 陈宜 . ARCS 动机设计模式在高中生物教学中的应用［D］. 武汉：华中师范大学，2008.

专用于动机设计的完善 ARCS 模型，其名称源于 Attention、Relevance、Confidence、Satisfaction 这四个英文词的首字母①。此后，ARCS 模型的影响力不断扩散，众多专家和学者对其进行了深度探讨，并验证了该模型不仅在教育设计领域具有指导意义，而且在环境设计、软件设计等多个领域展现出实用价值，如图 2-8 所示。

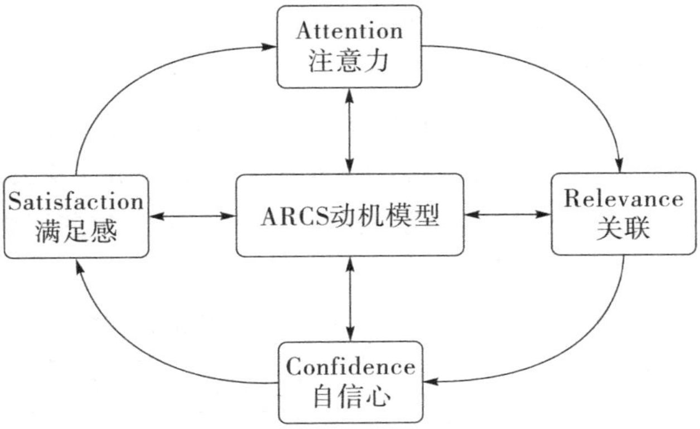

图 2-8　ARCS 动机模型图

（2）ARCS 动机模型的内涵及构成

凯勒教授所提出的 ARCS 动机设计模型，包含了四大构成要素：注意力（Attention）、关联（Relevance）、自信心（Confidence）以及满足感（Satisfaction），此模型被视为塑造学习动力的关键因素②。

①注意力（Attention）。在教学实践中，新知识要突破意识边缘，首要步骤是经由注意机制的筛选，进而转化为感知。因此，教育者在设计教学时，务必首先吸引学生的注意力至课堂情境，以此为基础来诱发和巩固他们的学习热情与求知动力。在完整的教学流程中，教师可借助创新课程内容、变换教学模式、提升语言表达的生动性以及组织独特的学习体验等活动，有效激发并保持学生的关注状态。

②关联（Relevance）。持久的学习动力并非单纯依赖瞬时的吸引力。学习者所面临的任务超越了简单的知识摄取，重要的是引导他们深度思考"为何需要掌握这些知识?"以及"这些知识如何与个人兴趣和目标相契合?"等本质问题。一旦学生认识到所学内容对自身未来规划及日常生活具有实际价值，他们的学习兴趣将得以巩固，进而形成稳固的学习动机，更加全神贯注地投入学习。

③自信心（Confidence）。学习者的自我效能感至关重要，他们需兼具对教学的热情以及知识的理解关联，同时，对自身能力的坚定信念不可或缺。否则，即使具备深厚的求知欲和知识关联性，缺乏自信仍可能导致学习的终止。自信在塑造学习成效中扮演着决定性角色。学生应避免过度自信而高估自身能力，也应防止过度自卑导致低估自我价值，故

① Keller J M. Development and Use of the ARCS Model of Instructional Design［J］. Journal of Instructional Development，1987，10（3）：2-10.

② Kelley J M，Suzuki K. Use of the ARCS Motivation Model in Courseware Design［J］. Instructional designs for Microcomputer Courseware，1988：401-434.

此，教师的引导作用在于促进学生形成恰当的归因认知。

④满足感（Satisfaction）。在学习过程中，学生的满足感体验被视为巩固其内在学习动力的关键强化因子。当个体预期的学习成就与实际收获形成积极关联，并且这种收获体现为优质成果时，其学习动机往往能得到有效激发与持久维持。然而，若学生的付出未能如愿以偿地转化为期望的成果，那么激发和保持其学习动力将变得颇为困难。

（3）ARCS 动机模型的动机激发方法

ARCS 动机模型，以其全面性和系统性著称，为教育工作者提供了提升教学效能的理论框架。该模型的核心四要素为 Attention、Relevance、Confidence 及 Satisfaction，凯勒教授据此提出了相应策略以激发学生的学习动力，如表 2-1 所示，这些策略旨在优化教育教学质量。

表 2-1　凯勒教授提出的学习动机的激发方法

ARCS 模型分类		学习动机的激发方法
A 注意力	唤起感知	如何引起学生的兴趣？使用新奇手段，采用个人化或情绪化的材料
	唤起探究	如何使学生形成探究的态度？提问，提出反论，激发探究欲望
	可变性	如何维持学生的注意力？使用多种讲授风格，使用形象化实例和比拟，增加情趣
B 关联	确定目标	如何最大限度地满足学生的需求？与学生共同制定目标，说明学习效用
	动机匹配	何时、如何向学生提供合格的选择、责任和影响？使用真实的练习，使个人和小组活动与学习风格相符
	熟悉感	如何将教学活动与学生已有的经验相联系？使用具体实例和比拟，使材料与学生生活相联系
C 自信心	学习要求	如何帮助学生建立成功期望？向学生说明学习要求、合格标准和评价依据
	成功机会	如何使学生对能力进一步产生信心？提供各种学习经验，增加学习成功率
	个人控制	如何使学生意识到成功是自己的能力和努力的结果？给学生决策的机会，帮助他们将成功归因于自己的能力和努力
S 满足感	内部强化	如何为学生提供机会，使他们运用所学知识和技能？提供机会，使学生在自然真实的环境中运用新学到的知识与技能，促进其心理上的满足
	外部奖励	如何为学生的成功提供强化手段？可使用表扬、正面反馈、象征性奖励等
	公平性	如何帮助学生正确认识自己的业绩？采用公平和评分方法，考试内容应具有真实性，与学习目标一致

如表 2-1 所示，凯勒教授的动机模型深化为四个核心维度的 12 个子领域，每个子领域皆聚焦于提升学生学习动力的特定议题。他针对每个议题提出创新的解决方案，旨在增

强学生的学习动机。在实际的教学规划中，教师不应局限于这些预设问题，而应结合教学材料与学生特性，识别出个性化的需求，进而参照凯勒教授提供的策略，定制适应性的动机激发手段。

二、数学教学中应用翻转课堂模式的价值

（一）提高学生的综合能力

高等数学教学中采用的翻转课堂模式，已证实能有效增强学生的综合素质。在这种教育策略中，学生借助自我导向的学习，不仅掌握了核心数学概念，而且在独立探索过程中磨砺了解决问题的技巧。课堂内的互动交流环节，则进一步推动了学生批判思考能力的培养以及协作技能的提高。

（二）提高教学质量

翻转课堂模式为高等数学教育注入了更高的灵活性与效率。在这种模式下，学生借助视频资源和在线课程在课前自主学习基础概念，预先熟悉即将探讨的主题。课堂时间则主要分配给深度讨论、动手实践及探索性学习，教师的角色转变为指导者和支持者，他们专注于协助学生解决复杂问题，推动课堂内的互动协作。这一教学结构的概览如图 2-9 所示。

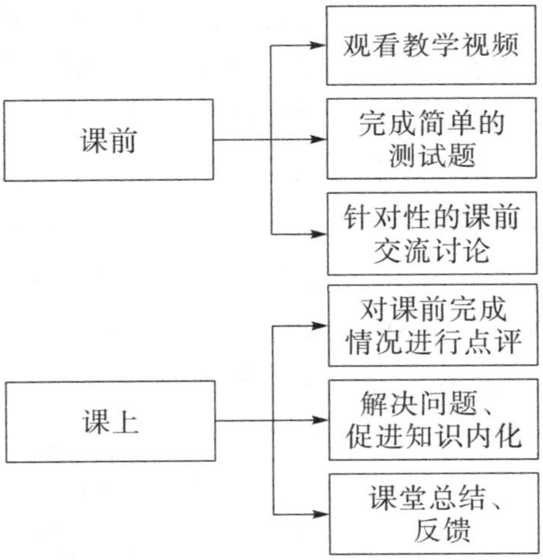

图 2-9　翻转课堂教学结构模型

在翻转课堂模式的实践中，学生的积极参与表现为问题的提出和观点的分享，此过程促进了他们对高等数学概念的深层次理解，同时也磨砺了沟通与团队合作技巧。理论与实践的交融使学生有机会在应对现实挑战时应用高等数学原理，进而提升了解决问题的实际效能。

（三）提高教师的专业化水平

在高等数学教育实践中，教师应当采纳翻转课堂的理念，以构建适应个体差异的教学方案；通过制作自我学习的视频与文献，课堂内结合具体情境激发学生的探究精神；同

时，强调对学习过程的持续观察与反馈，适时优化教学方法，以契合学生的个性化学习需求。

三、基于 ARCS 动机模型的数学翻转课堂教学模式设计

课堂成效的关键在于精心的课堂构建。在数学翻转课堂的架构中，其教学流程鲜明地突破了常规，独特地引入了预习阶段，引导学生以目标驱动的方式借助学习材料自主探索新概念。这昭示着数学翻转课堂在教学方法上与传统模式的显著分野。有效的教学设计需依托严谨的评估框架，通过对数学翻转课堂的深入剖析，本书提出了一种立足于 ARCS 动机理论的数学翻转课堂教学模型及策略，详细阐述了遵循的教学原则，并概述了实施过程的基本阶段①。

（一）ARCS 动机模型与翻转课堂相结合的可行性分析

1. 可能性

（1）翻转课堂的教育理念与 ARCS 模型的目标一致

翻转课堂作为一种以学生为主体、强调主动探索的教学模式，其核心目标在于优化教学成效，提升学习品质，鼓励学生采取自发性、积极性和持久性的学习态度。相较于传统的讲授方式，翻转课堂更侧重增强学生的参与度。确保学生在翻转课堂中能享受学习、擅长学习并持之以恒，是实施这一教学法的关键所在。1987 年，凯勒教授提出的 ARCS 动机模型为考察学习动机与学习效能之间的关联提供了一种理论框架②。该模型一经提出，立即引起了广泛的关注，学者们普遍认同学习动机是高效学习的先决条件，增强学习动机有助于维持优质的学习状态，同时，注意力的集中和明确的学习目标也是促进学习不可或缺的因素。凯勒教授构建 ARCS 模型的意图，旨在敦促教育从业者关注如何激发并维持学生的学习动机，以期促进学生自主学习，进而提高整体学习质量。

翻转课堂的教育策略本质上与 ARCS 动机模型的理念互为呼应，故而在教学目标层面上，融合 ARCS 模型与翻转课堂模式显得尤为恰当③。这种结合不仅确保了两者目标的一致性，而且有潜力持续放大翻转课堂的效能优势。

（2）翻转课堂的环节与 ARCS 模型的四要素有紧密联系

翻转课堂的教学流程涵盖预习与面授两环节，其间，持续激发并保持学生的学习兴趣至关重要，这是充分发挥翻转课堂优势的基石。在预习阶段，知识初次传授，若学生对学习材料缺乏兴趣，可能导致学习动力减弱，自律性降低，从而影响预习成效。在课堂面授时，学生需深化理解，内化新知，教师通常采用引导式探索和协作交流的教学策略。然而，若学生未能形成有效的学习动机，主动参与学习活动的积极性将大打折扣。ARCS 动机模型，即注意力、关联、自信心和满足感四元素，为此提供了理论框架。

---

① 张静仪，刘蕙钰．自然科教学引起动机的策略与方法研究［J］．科学教，2003（261）：2-12.

② 郭德俊，汪玲，李玲．ARCS 动机设计模式［J］．首都师范大学学报（社会科学版），1999（5）：95-101.

③ 李健．ARCS 模型视角下翻转课堂实践探究［J］．黑龙江工业学院学报（综合版），2019，19（11）：13-16.

ARCS动机模型着重探讨知识体系内部的联系、学习过程的连贯性以及教育与学习主体间的互动，致力于提升学生的实际认知体验和成果。在翻转课堂的预习阶段融入注意策略和关联策略，可有效保障学生自主学习的效率和深度。当学生对教学内容产生兴趣，并感知其与自身需求的密切关联时，他们的专注力和投入度会显著增强。而于课堂活动中实施自信策略和满意策略，能使学生感受到学习成就的乐趣，从而激发其后续学习的积极性。由此可见，ARCS动机模型为翻转课堂的教学设计提供了有力的理论支撑。

2. 必要性

（1）提高翻转课堂教学质量的必要性

提升学生的自主性和推动其主动学习，本质上是优质教育的核心诉求，同时也是教学创新魅力的关键所在。在传统模式中，学生的自主学习能力往往在自我复习和作业完成等活动中得以锻炼。翻转课堂这一模式则进一步拓宽了自主学习的空间，无论是课前预习还是课中活动，都为学生提供了更多自我探索的机会。尽管如此，学生的“自主性”恰恰成为提升教学成效的攻坚点，也是翻转课堂实践中凸显的挑战。诸多研究揭示，翻转课堂的实践中普遍面临学生学习积极性不高、被动接受知识以及师生互动表面化等问题。因此，要优化翻转课堂的效果，首要任务是解决学生学习动力不足的困境。凯勒教授所提出的ARCS模型为教学设计提供了理论引导，通过融入ARCS模型的翻转课堂设计，能够有效地激发和保持学生在整个学习过程中的参与动机，从而提高他们对翻转课堂各个阶段，包括课前自学和课中讨论环节的满意度。

（2）满足新课改发展需要的必要性

我国最新颁布的数学课程标准揭示了信息技术对数学教育的深刻影响，它正在重塑数学教育的内在价值和教学策略。新课改倡导数学教育与信息技术的深度融合，旨在激发学生的自主学习意识，提升他们的学习效能，以优化教学成果。翻转课堂作为一种现代信息技术与传统教学模式的创新融合，能够多维度地促进学生的发展。尽管新颖的教学方式往往能初显激发学生学习兴趣的成效，然而对于基础教育阶段的学生而言，保持这种学习兴趣对于保障教学质量至关重要，同时也是他们个人需要克服的挑战。鉴于此，引入ARCS动机模型的动机增强策略至数学翻转课堂的设计中，将模型的四个核心元素与翻转课堂的各个教学环节紧密对接，有助于有效地激发并持久保持学生的数学学习兴趣，从而构建起他们稳固的学习动力。这一做法不仅顺应了新课程改革的理念，而且积极推动了义务教育阶段数学翻转课堂的实践探索。

（3）设置正确学习动机的必要性

数学作为各教育阶段及科学体系的基石，对于其他学科的学习起着至关重要的作用，同时，深厚的数学素养对于学生的长远发展具有积极促进意义。在当前教育环境中，学生频繁遭遇误导性的言论，诸如“唯有高分，方能走向成功”，这类观念可能扭曲他们对世界观、人生观和价值观的正确认识。结果，不少学生迷失了学习的方向，缺乏明确的人生追求，甚至未曾深入思考过学习的目的。随着年级的升高，数学的抽象性、复杂性和更强的应用性给学生带来挑战，这往往削弱了他们的学习兴趣，从而影响到学习数学的积极性，使他们陷入被动接受知识的状态，难以实现自主学习。在数学教育中，激发学生恰当的学习动机是教学的核心任务，这一点不容忽视。教师有责任引导学生培养对知识探索的热情和对问题解决的渴望。因此，ARCS 动机模型为数学翻转课堂的实践提供了有价值的启示，通过结合动机理论，可以充分利用翻转课堂的优势，点燃学生的学习热情，塑造健康的数学学习动机。

（二）基于 ARCS 动机模型的数学翻转课堂教学模型

图 2-10 描绘了以 ARCS 动机理论为根基的数学翻转课堂教育模式。

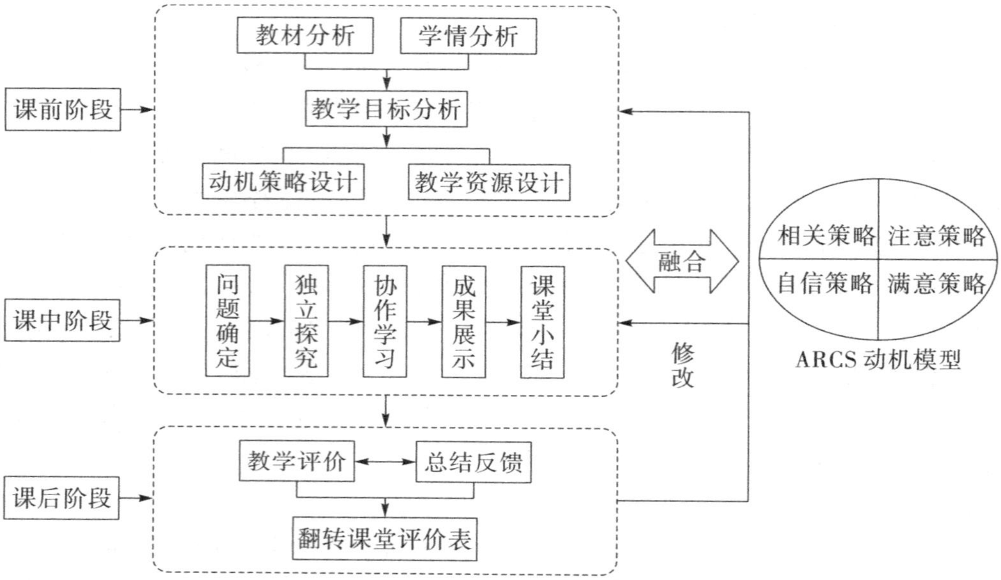

图 2-10　基于 ARCS 动机模型的翻转课堂教学模型

（三）基于 ARCS 动机模型的数学翻转课堂教学原则

1. 学生主体性

在当前深化的新课程改革趋势中，数学教育面临着更为综合与多元的教学诉求。翻转课堂模式倡导教师与学生角色的重塑，学生借助教师事先提供的预习材料，逐步开展自主学习。这一模式允许学生灵活安排学习时间和规划，以增进对核心概念的领会。教师可自制教辅材料，或利用网络上的微课、导学案等电子资源以及纸质学习指南，作为学生的辅助学习工具。在课堂实践中，教师会将学生分组，推动他们进行合作探讨，适时介入解答疑难，实施个性化指导与反馈，从而促进学生对知识的内化。因此，依据 ARCS 动机模型构建的翻转课堂需重视师生互动，鉴于学生的经验背景多样性，教师的角色应从主导者转变为引导者，基于学生的已有知识和经验，巧妙地引导他们实现新旧知识的融合与建构，真正凸显学生的主体地位，强调他们在学习过程中的主观能动性。

2. 互动高效性

探究活动发挥着至关重要的作用，作为教育互动的组成部分，它有助于促进学生对知识的深度理解和内化。当学习负荷过重或难度超出学生能力范围时，可能导致他们产生挫败感和抵触心理，进而削弱对知识探索的热情，对学习进程产生负面影响。因此，教师在组织小组讨论时需考虑个体差异，关注每一位学生，积极引导他们提出问题、深入思考、通过讨论合作寻求解决方案，以提升课堂参与度和积极性。同时，教师应及时识别并解答学生在学习过程中遇到的困惑，以维护学生的主体地位，并强化其课堂参与的沉浸感。然而，在课堂讨论期间，教师需谨慎调控课堂节奏，确保所有学生都能实质性地参与进来，避免讨论时间被用于非学习目的的闲聊，从而保障课堂教学效果的有效实现。

3. 评价多元化

翻转课堂在遵循 ARCS 动机模型的基础上，不仅致力于提升学习者的学业成就，更着眼于培养他们的学习效能，包括改善学习态度、习惯，并激发更强的学习动力。对于数学领域的翻转课堂评估，提倡采用全面而多样的评价策略，这不仅要求创新评估手段，还要求涉及多元化的评价主体。构建适应实际需求的评价框架能显著提升学生的学习感受。传统上，学业成绩是主要的考核标准，然而，对学生的评价应超越笔试分数，充分考虑其学习过程与状态，诸如自主学习能力和协作技巧同样是评价的重要维度。此外，评价主体不应局限于教师，学生自身、同伴及家长也应参与其中，尤其强调小组内的互评机制，以此反馈优化翻转课堂设计，进而增进教学成效。

4. 效用最大化

翻转课堂作为一种备受推崇的教学模式，在数学教育领域显示出独特优势，它旨在解决传统教学中的若干难题，以提升学生的学习成效，而非单纯的教育潮流跟风。在构建翻转课堂的过程中，设计者需全面考量个体差异、学校环境以及相关学科的特性，确保所设计的翻转课堂能切实增强教学效果，而不应片面追求新颖性。此外，对于某些简单易懂的概念，常规课堂教学已足以使学生理解和掌握，翻转课堂在此类情境中的应用则显得多余。因此，教学设计应当紧密结合实际，依据具体教学内容和学习状况灵活展开，以期达到教学效益的最大化。

（四）基于 ARCS 动机模型的数学翻转课堂的一般步骤

1. 课前阶段

数学翻转课堂的课前阶段对于教学成效及学生的学习感受具有决定性影响。这一阶段本质上是学生的自主预习时期，他们通过消化教师提供的学习材料来初步掌握新概念，理解即将探讨的课程主题，从而在后续的课堂活动中能更有效地内化知识，奠定稳固的基础。

（1）前期背景分析

教学启动阶段的前置条件涵盖了教科书的深度探究与学生状况的细致剖析。脱离实践经验单凭直觉难以构建出高质高效的教育蓝图；数学课堂的成功与否，往往奠基于前期详尽的背景调研与评估。因此，前期背景分析构成了教学设计不可或缺的初始环节。

（2）教学目标分析

教学设计的核心在于设定清晰的学习目标，旨在调控课堂氛围，激励学生的探索与学习动力。布鲁姆的教育目标分类理论为这一过程提供了理论支撑，他主张从六个维度来构思和细化教育目标，依次为记忆、理解、应用、分析、评价及创造①。记忆阶段涉及基础信息的存储与复述；理解则要求学生能用个性化的方式阐述观念或原理；应用层次强调将知识与技能融入实践，解决具体问题；分析层面侧重于对所学内容的深度剖析，识别各部分间的关联，并进行推理与理解；评价则涉及对所学进行深思熟虑的评判，利用知识做决策或表达个人观点；而创造阶段，需整合与协调各元素，催生创新思维。这六个层次呈阶梯状分布，前三级被视为基础层次，后三级被视为高级层次，其中高级层次目标更契合翻转课堂的教育模式。因此，翻转课堂的教学目标设定应有别于传统课堂，注重过程性与诊断性，具体制定时，应选用精确的行为动词来描绘学生的学习行为。

（3）教学资源设计

课前预备环节，学习素材的作用至关重要。翻转课堂的教学资源展现出多样的形态与灵活的变化，其内容涵盖了学习手册、教学录像、学习蓝图以及评估试题等多元形式。研究数据揭示，导学资料与微型课程在翻转课堂实践中被广泛应用。

①导学案的设计。在实施基于导学案的自主学习模式中，学生需自我规划以达成预设的学习目标。为此，教师在设计导学案时应注意：其一，设定具体可衡量的学习目标，避免模糊的描述，如用“能实际运用”“执行”等可观察的行为动词替代笼统的“理解”等词汇。其二，通过设问或填空形式在导学案中清晰揭示关键知识点，使学生在指导辅助下预习基础概念，结合自读教材，以促进知识的有效吸收与巩固。其三，问题设计应呈层次递进，由易至难，旨在逐步锻炼学生的思维分析能力②。

②教学视频设计。翻转课堂中的核心学习素材为教学视频，尤以微型视频课程为代表。微课设计旨在利用其短小精悍、便于制作与重复观看的特性，对教材中的特定知识点进行深入解析。相较于传统教学资源，微课赋予学生更大的时间安排自由度，通过整合文字、图像、音频和动画等多元媒体，有助于将抽象概念具象化，从而提升学生的学习动力。在录制微课时，务必突出教学要点和难点，确保内容表述清晰易懂，逻辑连贯，语言精练。讲解时，教师的语音应适时变化，关键信息可辅以屏幕上的符号或标记以强化学生理解。考虑到学生的注意力集中期通常维持在5~10分钟，这一时间段也成为微课的理想长度，有利于学生高效吸收知识，拓宽认知，并优化学习成效。

教师可采纳多种途径获取微课资源，包括从互联网平台，如中国微课网，检索并借鉴或直接应用已有的高质量微课；同时，教师自身也可投身微课创作，这需要他们具备一定的信息技术基础。鉴于信息化时代的进步，录制微课的方式日渐丰富多样，以高效便捷为特点，教师可挑选最适合的工具，如运用数码相机、智能手机摄录，或借助摄像头进行录制。此外，还可利用专门的屏幕录制软件，如Screen Video Expert、Screen Cast-o-matic及Camtasia Studio等。然而，不论采用何种来源或方法，微课的内容务必精准聚焦教学要点，

---

① L. W. 安德森．学习、教学和评估的分类学——布鲁姆教育目标分类学修订版［M］．上海：华东师范大学出版社，2008：35-80.

② Bergmann，Aaron Sams. Flip Your Classroom［M］. International Society for Technology in Education，2011.

并保持与教学计划的一致性。

2. 课中阶段

课堂教学阶段是促进知识内化的关键过程。翻转课堂模式旨在最大化学生的知识理解和内化，提升知识摄取的效能。教师在课前通过检查作业，识别学生预习时遇到的普遍问题和困惑，进而于课堂时间进行精准答疑。通过小组互动和情境模拟等活动设计，激发学生积极参与，增强其学习能动性。教师依据学科特性及学生反馈，适时优化教学策略，以期深化学习成效，从而更有效地推动知识的内化。

（1）问题确定

课堂氛围深受教学设计中问题设置的影响。问题主要源于两个方面：其一，教师基于积累的教学经验预设问题，此类问题典型且亟待课堂探讨；其二，将学生课前自学阶段遭遇的未解难题引入在线学习平台或直接于课堂讨论，此种做法对教师的教学素养提出高要求，需他们精确掌握教材内容，深入理解学生学习状况，以便对学生的困惑点和知识难点实施有的放矢的解答。

（2）独立探究

翻转课堂模式旨在塑造个性化的自学情境，鼓励学生发掘内在动力并增强自我管理的学习能力。教育的核心任务之一是孕育学生的独立学习技能，这要求他们具备自主解决问题的能力。因此，教师需在课堂设计中嵌入环节以诱发学生的主动思考，并借助已有的知识体系实现问题的独立解决，从而提升其自主学习效能。对于那些复杂且超出学生独立解决范围的问题，教师应适时介入引导，以增进学生对知识的深刻理解和应用，同时也促进了他们的创新思维，对培养独立思考和解决问题的能力产生积极促进作用。

（3）协作学习

协作学习模式通常涉及教师与学生，或学生之间的互动合作，常以提问等形式激发学生的思辨能力，借助团队合作促进他们对知识的深入理解和应用。此方法有助于培育学生的团队精神，提升其沟通技巧和交际能力，进而营造更为和睦的师生及同学关系。教师应当不断创新教育手段，尊重学生的个性化发展，避免压制持不同见解的学生，而应积极发掘协作学习的优势，探讨问题解决的策略，以此培养学生的协作学习能力和独立思考的习惯。在学生取得一定的学习成果后，教师需给予公正合理的评价。

（4）成果展示

在小组讨论催生的任务解决方案呈现环节，常由代表分享学习成果及心得，此时，教师对学习者的评估显得至关重要，而学生间的互评与方案建议亦不可或缺。即时的评价机制有助于磨炼学生的沟通技巧，提升其心理韧性和自尊感，进而强化成就感，使他们深刻认同自我作为班级主体的角色，从而更加主动地融入课堂的各个教学阶段。

（5）课堂小结

在教学总结环节，师生共同探讨并提炼课程中的关键知识点与难点，以及所运用的数学思维策略。强调由学生自主梳理教学重点，旨在促进他们对课堂所学内容的系统整合，巩固记忆，并促使学生构建个性化的知识体系。

3. 课后阶段

（1）教学评价

翻转课堂模式着重提升学生的综合素质，其评估机制现多采取过程性和形式性评估相结合的方式，迥异于传统的终结性评价。此模式下，评价内容涵盖作业完成质量、课堂研讨参与度、师生互动效果以及学术成绩等多方面因素。课堂内的评价侧重于考查学生的学习动态和参与行为，评定主体可扩展至教师、同组伙伴、班级同学乃至学生自我评价等多个层面。总的来看，应当秉持多样性和包容性的原则，对学生的全方位发展进行深度评估。

（2）总结反思

在实践翻转课堂模式之后，教师应对课程的教学效果、学生的课堂参与状况以及暴露出来的问题进行深度反思与归纳。尽管翻转课堂作为一种创新教学策略已展现出显著的成效，但它同样伴随着难以忽视的局限性。学生的个体差异性是主要问题之一，多数常规教学往往仅能覆盖大部分学生的教育需求，仅达到基本学习标准。然而，那些具备较强学习能力且成绩优秀的学生，他们的知识需求更为旺盛，对深入理解和探索知识有更高的期待。因此，教师有必要依据这些学生的特性，设计出富有挑战性和启发性的学习任务，以促进他们对知识的更深层次掌握。

四、高等数学翻转课堂教学设计——以不定积分为例

在微积分教育领域，不定积分占据着核心地位，其教学策略的创新对于增强学习效果至关重要。下面将以采用翻转课堂模式教授不定积分的教学实践为切入点，深入探讨这种教学方法如何赋予知识传授更多活力与效率。

（一）课前准备

通过对微课与传统课件应用的综合评估，发现学生倾向于采用微课进行课前预习，以事先概览课程大纲。如表 2-2 所示，两者的效果对比揭示了微课在引导学生自主学习方面的优势。

表 2-2　微课与传统课件的使用效果对比

项目	优点	缺点	受欢迎人数占比/%
微课	内容丰富新颖，问题解答步骤详细，配上动画步骤，更适合学生学习，启发学生思维	初次自学的学生不容易分清主次	70
传统课件	画面简洁，重点突出	例题较少，分析较少，无法让学生举一反三	30

教师部署了一系列学习素材，包括积分基础教程视频、教科书篇章及在线课程，以督导学生的自主学习。同时，借助在线教育平台创建互动论坛，激发学生积极提出疑问并共享见解，从而深化沟通与合作。此外，教师精心构思与现实生活相联系亟须建立的题目作

为课前探索活动，旨在引领学生预习并应用微积分原理解决问题。

（二）课堂活动

教学伊始，教师常采用短暂的入门测验或启发式提问，以评估学生对于不定积分基本概念的理解程度。依据课前自学的反馈及课堂初期的评估结果，教师会有的放矢地阐释那些学生普遍感到困惑的知识要点，并辅以翔实的例题解析，以呈现不定积分的求解步骤。

在本研究中，我们首先引入原函数的概念，旨在明确不定积分的定义。函数$f(x)$的所有可能原函数的集合被定义为该函数的不定积分，这一数学表达通常表示为：

$$\int f(x)\,dx = F(x) + C$$

积分表示为$\int f(x)\,dx$，其中$f(x)$代表被积函数，dx指示积分变量为x，整个表达式构成了积分计算的基础。

为使学生掌握原函数的表达特性及不定积分与导数的内在关联，教学策略可设计小组探究活动或专题研究。在这些活动中，学生被鼓励利用不定积分解决跨学科的实际问题，例如在物理学中计算速度和加速度，在经济学中分析成本与收益。进一步，教师安排各组展示研究成果，并引导他们对同伴的工作进行评价，以此激发学生的互动交流和深度探讨。

（三）课后作业

在教学实践中，教师布置个性化习题以强化学生的不定积分计算与应用技巧①。同时，学生被鼓励撰写学习反思报告，以归纳他们在翻转课堂中的认知进步及需提升的领域。翻转课堂模式颠覆了传统的教学框架，使不定积分的学习超越了单纯的教师讲解和学生接受，转而构建起更富互动性和实践性的学习环境，进而促进学生对不定积分概念的深度理解，并能自如地将其应用于实际问题的解决之中②。

（四）关于不定积分的教学过程评价

在教授不定积分时，教育者可运用情境教学策略，将抽象的概念与具体的实际问题相结合，以促进学生在解决实际问题的过程中领会不定积分的理论知识。比如，借助分析具有变化加速度物体的位移问题，适时引入不定积分的概念，以此彰显其在实践中的意义，进而加深学生的理解。

借助数学软件及网络资源，教师得以构建直观的数学模型和动态示例，以增进学生对不定积分在几何与物理层面的认知。探究式教育模式至关重要，教师应构思开放式问题，激发学生寻求多样化的求解策略，通过小组合作研讨与成果展示，促进他们对数学概念的深度理解和创新思维的提升。

---

① 温坤文，旷菊红，黄慧青，等．微课在高等数学翻转课堂中的应用及效果分析［J］．教育教学论坛，2021（42）：153-156.

② 韩军．试论微课背景下茶文化在小学数学翻转课堂教学中的创新与融合［J］．福建茶叶，2021（3）：124-125.

五、翻转课堂模式下高职数学教学设计与实施策略

（一）确立教学目标

在高等职业数学教育的背景下，翻转课堂模式被证实有助于学生的全方位发展。该模式倡导教师在课前布置预习材料，以驱动学生自主学习。课堂时间则侧重于小组研讨和案例剖析，以此深化学生对概念的理解。课后，通过设计练习题和实际项目，教师激励学生将所学应用于实践中。此种教学策略着眼于提升学生的数学基础知识、批判性思维、问题解决技巧以及自我学习的能力，不仅能够增强学生的数学素质，还能有效激发其学习热情，同时培育其创新实践的本领。

（二）课前教学设计

在高等职业数学的翻转课堂实践中，教师借助数字技术精心制作教学视频与文献，以凸显关键概念并诱发学生的深度思考。通过在线教育平台，教师预先发布学习材料，促使学生进行课前自主学习，从而为课堂上的深入讨论和协作活动奠定基础。这种方式旨在激发学生的学习热情，有效提升他们的自主学习效能。同时，教师运用数字化手段创设丰富多样的互动学习场景，并开发在线评估工具及模拟实验等教育资源，以适应学生各异的学习需求。

（三）合理安排课前学习任务

为激发学生的学术好奇心与探究精神，教师精心构思富于创新及挑战性的预习任务，这些任务旨在引导学生主动从网络资源、图书以及同伴协作中探索问题的答案。设计的任务应具备开放性特质，以推动学生进行多维度思考和深度学习。借助翻转课堂模式的弹性，学生可以选择适合自己的学习材料和途径，如观看视频、互动动画或运用模拟软件，从而提升其自主学习效能。教师则确保预习任务与课堂教学内容密切相连，以利于知识的延伸与深化。通过课前掌握基础概念，学生能在课堂上集中探讨更为复杂的问题，进而实现知识的综合运用和创新实践。

（四）在课堂教学实践中的应用

在高等职业教育的数学教学情境中，教师应当依据学生预习阶段的理解程度灵活调整授课内容。针对复杂难懂的知识点，教师可深入剖析，并策划协作型教学活动，诸如小组研讨或角色扮演，以激发学生的沟通协作潜能。同时，借助现代教育技术，如在线学习平台和交互式电子白板，能够提升教学的趣味性和吸引力，进而增强学生的学习动力和参与意识。此外，倡导学生主动求知和积极参与，有助于塑造其独立学习的能力，培养批判思考精神以及创新实践的素养。

在翻转课堂的环境中，教师需精细策划教学流程，充分考虑学生的独立学习体验，以设计出适宜的协作研究任务，诸如案例研讨、问题解决实践以及项目构建等，旨在促进学生在团队协作中实现知识互馈与思维激发，从而增强其问题解决的能力。同时，提倡学生展示个人学习成就，以此培养他们的批判性思考习惯，通过有效的评估与回馈机制促进其

持续发展。此种教学模式旨在激发学生更高的学习主动性和自主学习意识，进而全面提高其综合素质和实际操作技能。

（五）在课后反思与评估中的应用

在翻转课堂的实施中，课后的反思与评估构成了提高教学质量的关键步骤。此阶段，教师得以系统地剖析和评价学生的学习历程及成果，进而有针对性地引导学生进行自我反省，并优化其学习方法。教师通过收集诸如观看教学视频的频次、观看时长、互动行为等课前学习数据以及评估学生完成预备任务的表现，可获取关于学生学习状态的直接证据，以洞察他们的学习进展和知识掌握水平。此外，教师通过观察学生在课堂中的参与度、表现以及小组合作讨论的有效性，能够深入评估学生的学习成效。

第四节　基于 STEAM 教育理念的数学教学设计与实施

一、STEAM 教育理念概述

（一）STEAM 教育的概念

STEAM 教育理念源自 Science、Technology、Engineering、Arts 与 Mathematics 五个领域的整合，其概念由美国知名学者格雷特·亚克门教授系统构建。如图 2-11 所示，他构想出的 STEAM 架构呈现出金字塔式的层次结构，自顶层的宏观教育愿景逐级细化至底层的具体学科教学内容①。

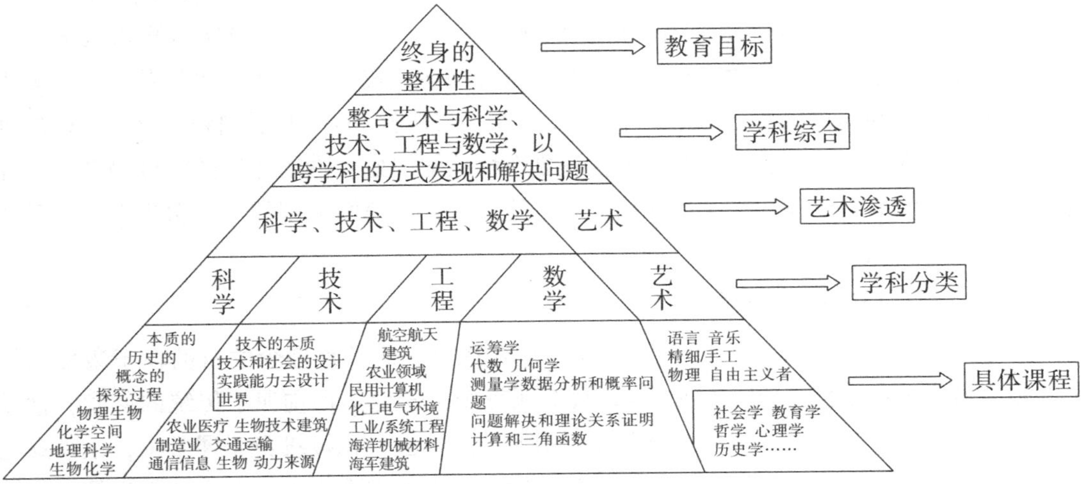

图 2-11　STEAM 教育框架

STEAM 教育框架构建为五级体系，第一层级是基础构建层，它聚焦于科学、技术、工程、数学与艺术的基本原理，构成了教育的核心课程。此层级着重培养学生的基础知识

① 赵慧臣，陆晓婷．开展 STEAM 教育，提高学生创新能力：访美国 STEAM 教育知名学者格雷特·亚克门教授［J］．开放教育研究，2016，22（5）：4-10.

和技能，如物理学、数学以及生物学等，旨在为他们后续深入学习和发展在STEAM和艺术领域的知识奠定坚实的基础。

第二层级是在此基础上的整合深化，学生借助前期习得的知识与技能，将其迁移到多样化的应用场景，通过自我驱动的学习方式，积极参与问题解决和项目实践，以此洞察并探索不同学科间的内在关联，进而激发探求未知的欲望和创新的好奇心，有效提升其跨学科问题解决和学习的能力。

第三层级的知识融合涉及对特定领域的深度探究，旨在磨砺学生的专业素养和高阶技能，尤为注重不同学科间的交叉整合，尤以科学、技术、工程和数学为基础，同时引入文化和艺术的维度。

第四层级进一步聚焦于跨学科的综合应用，教学核心在于孕育学生融会贯通的能力，使他们能娴熟地将多元领域的知识应用于解决实际问题，构建起涵盖科学、技术、工程、艺术和数学等多个学科的知识与技能的有机网络，实现知识与技能的深度融合和个体化内化。

第五层级为实践创新阶段，此阶段构成了STEAM教育理念的巅峰。在此层次，课程设计着重于融合理论学习与实际操作，鼓励学生运用跨学科的科学、技术、工程、艺术及数学知识和技能，去解决现实世界中的挑战，投身科技创新探索。该阶段致力于培育具备全面素质和综合应用能力的个体，旨在提升学生的整体素养，促进其可持续发展。通过这样做，学生将形成强大的学习力、执行力和创新力，以适应个人职业生涯规划及满足社会期望，从而彰显教育对个人和社会的双重服务价值。

尽管全球多国已对STEAM教育展开广泛探索与实践，鉴于其涵盖的学科领域及内容之丰富多样，各地在实施过程中对各学科的侧重及活动形式存在差异，故对于STEAM教育的界定亦各有特点。本研究聚焦于数学领域，对其定义如下：STEAM教育被视为一种超越传统单一学科边界的教学模式，它巧妙地整合科学、技术、工程、数学及艺术，运用跨学科手段实现知识的无缝连接，凸显出整体性、实践性和互动性等特点。STEAM教育倡导知识的跨界整合，通过问题驱动来促进创新性认知构建，借助课程的深度融合，旨在提升学生的提问与解难技巧，锤炼他们的思维能力，并使他们深刻领悟到课程内容与日常生活间的紧密关联。

（二）STEAM教育的特征

STEAM教育是一种积极主动、体验式的教育理念，该教育理念的目的在于激发出学生的创新潜力与批判性思维。在STEAM教育课程中，学生不再拘泥于传统的课堂，被动地、接受式地学习知识，学生可以充分发挥他们的主体性，积极投身于课堂中，主动参与实践操作中探寻知识，进行深度学习，学生也因此可以追求更为深厚全面的知识领悟与体验。STEAM教育主要包括以下四个特点。

一是STEAM教育特别强调跨学科整合的重要性，注重将科学、技术、工程、艺术和数学（STEAM）等不同学科的知识和实践方法结合起来，以解决复杂的现实问题。这种高度融合的教育方法克服了单一学科教学的局限性，建立了跨学科的互动网络，使学生能够从多个角度理解和应对问题。因此，根据STEAM教育理念，教材和实践活动的设计应具有高度的跨学科性，帮助学生在解决问题的时候从多个学科角度进行深入探索和实践。

二是 STEAM 教育的核心特质包含创新力，其宗旨在于孕育学生的原创思考与革新技能，鼓励深度参与创新实践。因此，符合 STEAM 教育理念的教学资源与活动应当具备启发性与创新性，旨在激发学生的创新灵感，引领他们投身于创新实践，以逐步增强他们发现和解决问题的能力。

三是 STEAM 教育模式强调实践操作与应用，其核心目标在于提升学生的实践能力和知识应用技能。该模式提倡学生通过亲身参与和动手解决各种问题，这些问题既可以是理论性的，也能源于日常生活，以此引导学生将抽象概念转化为可操作的实体模型。在这个过程中，他们将课堂所学的 STEAM 知识融会贯通，进而能有效应对现实世界的问题和未来的挑战。优质的 STEAM 教学资源应设计出具有适当难度的实践活动，注重培养学生的探究精神和好奇心，同时强化理论知识在实际情境中的转化与应用。

四是 STEAM 教育着重提倡群体协作，此特性驱动众多学习者投身于共同的学习与探究活动之中，借由互动合作来交换见解和经验，进而提升团队协作效能及问题解决能力。故而，设计适用于 STEAM 教学的素材与项目时，应具备足够的魅力以点燃学习者的团队协作热情，促进他们协同进行高效学习和深度探索。

STEAM 教育通过这四个特点，不仅促进了学生对知识的深入理解和应用，而且为学生的全面发展奠定了坚实的基础，在为社会培养未来的创新型人才方面发挥了重要作用。

二、基于 STEAM 理念的数学教学设计原则

（一）创新性原则

STEAM 教育理念融入数学教学呈现出前瞻性和革新性，对教师的知识体系与教学观念提出了新的挑战。教师需具备跨学科的综合知识，持续更新教育理念，紧贴知识前沿，精研教材内容，并依据学生的实际能力进行个性化教学设计。在设计教学活动中，设置开放性问题以激发学生的思维扩散，促进其主动探究知识，自我构建知识网络，探寻解题策略，以此来有效培育学生的创新素养。

（二）实践性原则

当代教育理念强调实践性原则，其核心在于彰显学生的主体角色。唯有当学生亲身参与操作活动，数学知识方能转化为个体的认知成果。因此，教师的教学策略应着力于数学知识的深化与延展，通过设计如动手操作的实践环节，启迪学生解析问题、应对挑战。这一过程中，学生从实践中汲取知识，并学以致用，解决现实生活中的问题，从而牢固确立他们作为学习主导者的地位。

（三）整合性原则

依据 STEAM 教育理念的教学设计应秉持综合集成的方针，教师在展示课程内容时，须周全考量知识与多学科的交叉影响。在规划过程中，强调以数学为核心，辅以科学、技术、工程、艺术等人文学科的融入，旨在通过各学科的智慧、手段和策略促进学生对数学的深入

理解和内化，进而提升其创新能力和问题解决技能，最终达成学生的全面素质提升①。

（四）艺术性原则

教学的艺术性首要地表现在教师的教学语言之中，它凝聚了教学理念与实践的精妙融合，是教育智慧的生动展现，亦为教师专业素养的直观体现。以学生为本的教学设计至关重要，旨在激发学生投身教学活动的主动性和热忱，促使其全情投入学习。教学语言的艺术性对提升课堂教学生动性具有深远影响，它能有效地触动学生情感，营造出充满活力的课堂氛围。此外，教学内容的构思须匠心独运，形式上可巧借故事、寓言、诗歌、谜语等元素设置悬念，构建情境，从而有效提振学生的学习积极性。

（五）系统性原则

在教学设计的构架中，教学目标、学习群体、教育策略、课程内容以及评估手段构成了互为依存且相互作用的网络。唯有当这些元素得以科学整合，方能构筑起完善的教学架构。在基于 STEAM 理念的数学教学设计实践中，教学目标应居主导地位，其余要素需协同配合，共同作用于教学流程，唯有秉持全局视角，才能达成教学设计的全面优化。

（六）综合性原则

STEAM 教育是具有数学建模、科学技术、工程设计以及艺术鉴赏方面的综合性学科的特质，例如科学学科就是包含着物理、化学、生物、地理等多种学科，而学生必须通过综合、交叉地学习才会产生前后知识迁移与整合的可能性。因此，在教学设计中要考虑当前所学知识的逻辑基础，也要考虑 STEAM 教育理念中其他要素的有机统一。

三、融入 STEAM 理论的数学教学模式设计

（一）教学设计方法

1. 整合跨学科知识

艾布特斯等美国学者提出将科学、技术、工程、艺术和数学视为一门综合性的元学科，旨在构建一个统一的知识体系。这一理念基于各学科知识间的内在关联性和递进结构，通过 STEAM 教育的跨学科特性，能够有力地消除当前学科隔离的现象。值得注意的是，STEAM 教育的核心不仅在于揭示学科间的表面联系，更在于探索隐藏于各学科深处的实质性关联，从知识的起源和逻辑结构中找寻共性，运用多元化的思维方式和解决问题的方法。这种深度整合的知识要求教育者采取高水准的教学策略，如探究式或问题导向的教学模式，以促进学生对知识本质的深刻理解。

在构建综合知识框架以应对复杂问题的过程中，跨学科知识的整合起着至关重要的作用，它能推动学生形成全面的知识网络。因此，教师在设计教学方案时，须先厘清课程的核心内容与难点，进而探寻并提炼各学科间的关联知识，厘清它们的内在联系，力求在单一课程中以逻辑严谨的方式融合这些知识。同时，教师应调动学生的既有认知，借助多学

① 高新苗．融合 STEAM 教育理念的高中化学教学设计与应用［D］．烟台：鲁东大学，2021.

科的交叉与各类课程资源的巧妙应用，以期更高效地解决实际问题①。

2. 构建项目式活动

在STEAM教育框架下，项目导向的学习模式被视为一种典型教学策略，强调以实际情境中的问题为出发点，要求学生能将此类问题转化为数学化的表述，并将抽象理论转化为具体的解决方案。因此，教师在构建以项目为中心的教学蓝图时，必须重视学生的生活经验，巧妙地将问题解决的挑战与知识点与实际问题相嵌合。通过小组协作及方案设计，学生得以深化对知识点的理解，掌握跨学科方法的综合运用，不断推进知识的内化，感知各个知识点间的内在联系，从而有效地掌握原本难以领悟的知识。

通过互动讨论与思想交流，学生的创新思维得以激发，他们能从多元视角审视问题，持续开展发散性思考，从而优化学习成效。在小组合作模式下，学生的沟通技巧和责任感得到深度磨炼，同时培养出高效的团队协作素养。

3. 突出学生主体性

STEAM教育主张以学生作为学习过程中的主体，强调以主动探索、实践探究的方式摒弃传统的“填鸭式”、灌输式教育，让学生能够以自己的思考、方式实现知识的探究、生成与获得。同时，在坚持以学生做主体原则的前提下，也不能忽视教师在整个教学活动中的支架作用，在不断实践教学的过程中，控制学生在项目探究的过程中其行为与能力要在合理的范围内，保证实际教学目标的顺利实现②。

（二）教学模式设计

本研究借鉴了余胜泉教授的STEAM跨学科项目设计策略与Xornam S. Apedoe等人的APB模式，通过深入剖析两者的优势与不足，进行了融合创新，最终构建了一种植根于STEAM教育思想的数学教学新模式。

1. STEAM跨学科项目设计模式

余胜泉教授的创新性工作立足于建构主义教育理念，发展出一种STEAM跨学科项目设计框架（见图2-12）。该框架奠基于深入的教学分析，强调以实际问题或项目任务为导向，旨在系统设计学生的学习过程、运用的学习工具、获取的学习资源，以及必要的教学支持和评估机制。在这一模式中，情境构建占据了核心地位，力求将真实世界的问题无缝嵌入特定的学习环境，以实现深度整合。

本教学模式植根于“教学分析”，强调以“项目式问题”为教学核心，精心设计项目执行期间及问题解决过程中的学习资源利用、学习流程、支持机制和评估策略。此外，模式还着眼于项目结束后，学生在知识与技能上的持续发展，特别是考查知识在结构层次上的迁移现象，并针对关键难点进行强化和综合提升。然而，现有模式在实践中未充分关注学生的活动领域划分以及如何跨越课时逐步推进和整合知识点，这需要在后续采纳和改进

---

① 郭小亮．初中数学大单元教学分析［J］．读写算，2024（7）：68-70.

② 聂蕾．基于STEAM教育理念的高中数学函数教学设计研究［D］．烟台：鲁东大学，2021.

时加以注意。

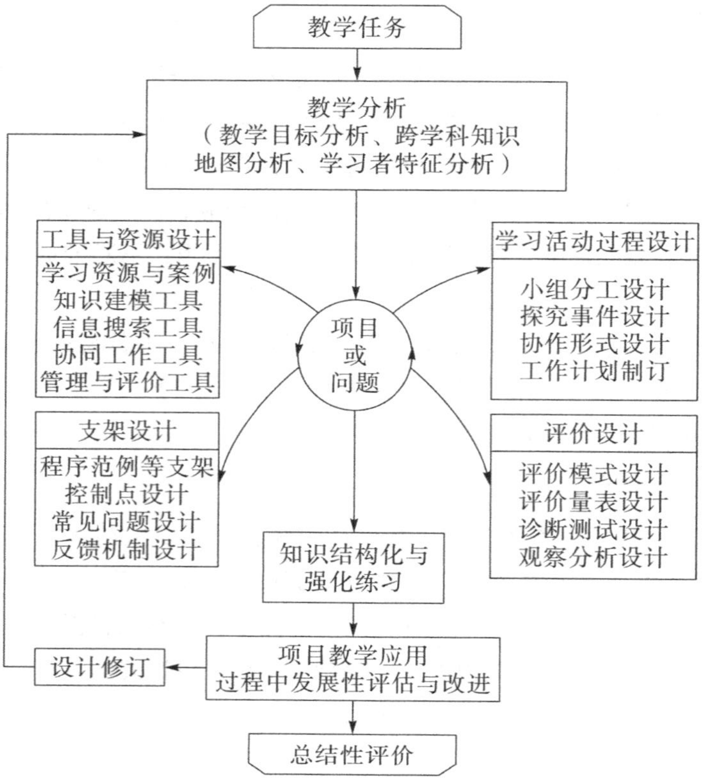

图 2-12　余胜泉 STEAM 跨学科项目设计模式

2. APB 教学模式

如图 2-13 所示，Xornam S. Apedoe 等学者提倡了一种创新的融合型教学策略，旨在桥梁科学、探究与工程领域。该模式在设计思路上整合了多种教学方法，兼顾了 K-12 教育阶段的教师需求与工程设计的教育目标。其中，APB 模式，源自 PLTW 机构，是此类混合式教学模式的典范实例。

APB 模式侧重于实践活动、项目实施及研究议题，旨在增强学生的问题解决能力和知识的迁移应用，同时提升其实际操作技能。该模式强调在真实背景下，学生以团队协作的方式，有效调动已有的知识储备，针对特定主题整合多学科知识，运用多样化的学习策略来解决问题。教师在此过程中扮演引导者的角色，不直接干预或控制学生的探索过程，而是提供支持，这种模式为后续构建教学策略提供了有益的借鉴。

3. 教学模式的重构

依据现有的教学策略，并参照核心素养标准，本研究设计了一种针对数学课程的教学模式（见图 2-14）。深入剖析融入 STEAM 教育理念的模式，可察觉其核心在于以特定项目或问题为导向，强调跨学科整合、教学过程评估以及教学资源的优化配置。该模式强调将真实情境融入教学，并通过逐步深入的问题链，鼓励学生进行自主思考与协作探究，以达成项目目标①。

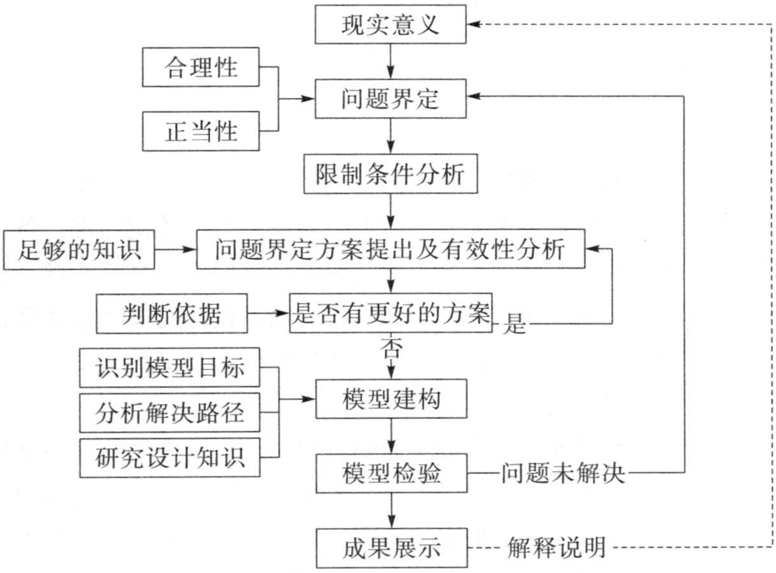

图 2-13　基于 APB 模式的课题教学环节

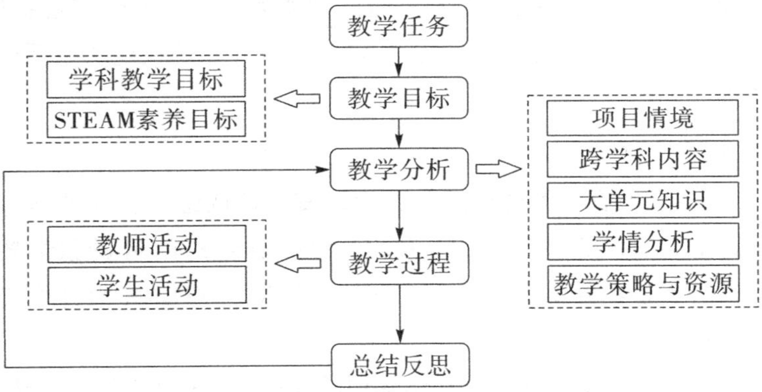

图 2-14　STEAM 教育理念的数学教学流程框架

此教学模式包括四个紧密相连的阶段：目标设定、教学剖析、实施过程及反思总结。首先，教师在课前需深入研读教材，参照数学核心素养，明确教学的学科与 STEAM 教育目标。其次，对课程或活动开展教学分析，其内容涵盖项目情境探究、多学科内容整合、单元知识网络构建、学生学情评估以及教学策略与资源的审慎考量，旨在确保在 STEAM 教育理念引领下的教学设计能够兼顾跨学科知识的交会与学生的认知发展阶段。最后，通过教学实践后的反思，对教学流程进行系统回顾，以此驱动教学设计的持续改进与优化。

四、STEAM 教育理念下高职数学教学设计流程

下文将深入探讨 STEAM 教育理念在高等职业数学教学中的具体实践，包括四个方面：

① 杨勇，商译彤．STEAM 教育视域下高职院校培养创新型数字人才的思考［J］．教育与职业，2021（7）：52-58.

首先，教学目标剖析；其次，教学内容分析；再次，教学过程设计；最后，教学评价与反思进行。

（一）教学目标剖析

1. 核心素养目标

基于课标解析，需清晰界定各教学模块的具体教育目标，此目标设定指引着教学实践的方向。教学目标作为评估实际教学成效是否符合初始设想的关键标准，备受重视。鉴于我国当前对核心素养的强调，教学目标设置面临着更高的标准。在核心素养视角下的数学教育，旨在促进学生对数学基础知识的领悟和掌握，通过设计的教学活动强化基础数学技能。同时，重视积累学生的数学实践活动经验，使他们体验知识的逐步深化，领悟从认知知识、理解知识到应用知识的内在转化过程。

在核心素养框架下，教育旨在定位学生为学习的主体，促进他们对多学科知识的初步理解和领悟，把握知识的生成背景，积极吸收并内化知识概念。在能力层面，期望学生能结合具体情境，掌握知识应用和问题解决的策略，领会其中蕴藏的数学原理，熟练运用相关方法，进而提升知识迁移的能力。情感层面的培养注重提升学生的社会技能，通过协作、探究、交流和互助活动，增强他们的沟通协作能力，使学生能够自我评价数学活动，对活动成果进行反思，同时，这样的过程也使学生认识到知识在现实生活中的价值，从而激发其社会责任感。

2. STEAM 教学目标

数学教学与 STEAM 教育的整合可深化数学教育目标的维度，促进学生在解决实际问题或真实情境中跨学科知识的整合应用。故此，设计融合 STEAM 的数学教学方案时，不仅要考量数学学科的核心素养要求，还需重视培养学生的 STEAM 教育相关能力，并着眼于提高其综合能力素质。

科学素养教育的目标集中体现在对科学知识的运用及培养严谨的科研精神和探求真理的态度上。数学作为科学的理论基石，为科研活动提供支持，同时科学也通过创造多元化的研究情境和问题，推动了数学理论向实际应用的转化。借助物理、化学、生物、地理等多学科的科学知识，学生可选取自然与社会现象作为研究对象，通过观察、实验及推理等方法探索科学原理，从而促进数学思维与素养的深化。

在技术素养层面，此维度强调学生需具备有效学习和精通现代信息技术以支持其学习的能力。通过整合相关技术应用，能更高效、直观且便捷地攻克实际学习难题，同时也促进了项目成果展示方式的多元化。

在工程实践素养层面，此维度着重于培养学生全面理解工程项目实施的规范流程，以此推动工程思维方式的内化，并通过协同探讨和沟通交流的环节，来锻造他们的团队合作精神，以达成问题解决的目标。

在艺术维度的素养要求中，学生被期许于学习过程中能领略数学公式所蕴含的洗练美学，以及图形的直觉魅力，从而实现理性思维与人文情怀的交融。通过 STEAM 教育中的创新设计与实践操作，旨在培育学生的创造力和想象力，以此增强他们对美的洞察、体验及应用能力，进而有效推动其人文艺术素质的全面发展。

数学素养的培养旨在使学生牢固掌握课堂所授的数学基础知识和基本技能，领会其中蕴藏的数学思维方法，并能有效地将所学数学知识迁移到实际情境，建立起与现实生活问题的关联，从而促进其数学核心素养的实质性提高。

（二）教学内容分析

1. 项目情境分析

STEAM 教育视角下的数学教学设计核心在于构建活动任务，而这些任务的构建则牢固植根于真实的现实生活场景。故此，学生参与的项目任务应当紧密关联于特定问题情境，通过将一系列环环相扣的问题编织进具体生动的背景之中，要求学习者能够全情投入，置身于任务的实际情境之内。

在项目实践中，学生通过解决实际问题和执行任务来增进知识理解和技能发展，此过程中积极地建构知识、促进新旧知识的互动，从而不断优化其知识结构。在教师设计教学时，需将教材中的理论知识与现实生活相联系，通过创设真实情境来还原知识的实践本质，这是使抽象概念具象化、立体化和生动化的重要手段。在 STEAM 教育的视角下，考虑到学生各自的学习环境和背景差异，这些因素会显著影响他们原有的认知基础。因此，教育工作者应当全面评估项目，选择合适的情境问题，以确保项目进展既富有活力又充满知识性，有效弥合学生的认知差异①。

2. 跨学科内容分析

STEAM 教育模式强调的是多学科知识的整合，这要求教师在采纳该理念教学前，需对计划教授的内容进行深入的探究与调研。教师需具备梳理和评估相关学科知识的能力，以期在教学过程中，通过各学科的交融，促进学生知识体系的全面优化和结构化，进而保障知识学习的系统性和连续性。

3. 大单元知识整合分析

在构建学科知识整合的框架时，我们应超越单纯的教材内容划分，关注于全面的知识体系。为此，我们需要重新组织和梳理统计与概率等教学内容，揭示各知识点间的内在关联。大单元教学策略主张将所有与主题紧密相关的知识点聚合为一个教学单元，此举有助于增加学生的学习容量，增强知识间的逻辑连贯性。这种合理的整合方式对优化学生的知识结构至关重要，能有效促进他们整体数学思维的形成。

4. 学情分析

教学设计的完备性离不开精准的学情剖析。在设计整体教学方案时，必须充分顾及学生的年龄特征及其身心发展状况，确保所构建的问题情境与问题链适应学生的认知水平。

---

① 赵慧臣，陆晓婷．开展 STEAM 教育，提高学生创新能力：访美国 STEAM 教育知名学者格雷特·亚克门教授［J］．开放教育研究，2016，22（5）：4-10.

借助最近发展区理论的指导，整合教学步骤，应当兼顾学生的心理接纳能力，以确保预设的教学内容或任务既具挑战性，又在学生的学习掌握能力范围之内。

5. 教学策略与资源分析

教学活动的多元性要求教师依据具体情境科学设计教学策略，力求最大化促进学生知识内化的深度。鉴于STEAM教育凸显的实践性、开放性和体验性特点，必然推动科技与现代教育资源的深度融合进入课堂。因此，教师需精心挑选并整合情境创设的教学素材与工具，同时预备翔实的学生学习资料包，其中涵盖了核心知识点、问题解决方法以及项目实施所需的资源。若条件许可，教师可引导学生利用相关网络平台进行自主搜索和学习，以锻炼其信息获取能力，进而培养其独立学习的能力。

（三）教学过程设计

教学过程设计对于达成教学目标至关重要，其质量直接影响着教学成效及学生的学习成果。在完整的教学活动中，教师与学生共同参与，教师扮演领航者的角色，掌控教学进度，而学生作为活动主体，承担着学习任务的实施。通过清晰的职责划分，教与学在互动中促进教学目标的落实。这一教学过程主要包括目标设定、资料解析、构建思路、项目策划及反思评估等五个相互关联的阶段。

1. 教师活动

在STEAM教育框架引导下的数学教学实践中，教师的角色被定位为指导者和支柱，贯穿教学的全过程。教师肩负激发学生思考、验证探索路径准确性的重任，旨在确保课程教学目标的同时，有效促进学生的学科能力和STEAM能力的双重提升。教师的核心教学行为可归纳为五个关键方面。

一是在设计教学方案之初，应当注重跨学科知识的融合，探寻数学课程与其他领域之间的互动与渗透。通过精心的安排，可实现不同学科知识在数学教学中的无缝嵌入，以此增强课程的综合性。同时，需清晰界定课时的教学主旨，确保数学课程目标与STEAM教育理念的一致性和协同性。

二是开展资料解析与问题情境构建。教师需参照学科教育与STEAM教育的目标，深入解读教学材料，设计出以现实问题解决为导向的项目情境。在此过程中，所选用的资料与素材应兼顾学生的既有知识结构和他们的身心发展水平。唯有如此的情境设计，方能激发学生针对问题进行自我探索与理性思考，从而积极构架出问题解决的策略。

三是教师在教学过程中发挥指导作用，通过激发学生运用既有知识和提供的教育资源，逐步推进对问题的深度探索。多方位的问题分析鼓励学生形成认知对比，进而认识到新知识学习的紧迫性。在此基础上，教师自然地引领学生洞察知识的形成过程，有效协助他们梳理研究思路。

四是活动策划与指导策略。通过反复构建和变换教学情境，旨在驱动学生借助知识迁移与应用，有效内化新知识。在此过程中，教师需密切监控学习小组的活动进程，适时提供必要的引导和支持。

五是总结性评估与适时反馈。教师不仅应对学生的终极项目成果给予评价，还应涵盖他们在学习进程中的表现，提供全面而精准的反馈，以揭示学生的学习成效全貌。

2. 学生活动

在教育实践中，学生占据核心地位，扮演着主动学习者的角色。他们被鼓励深思熟虑，开展协作研究，通过团队协作应对教师设定的学习挑战，以此达成对情境问题的实际解决。学生的课堂活动大致可归纳为以下四个主要方面。

一是解析资料与设定目标。在教师构建的问题背景和教育资源引导下，学生需深入剖析课程目标，进而草拟出问题解决方案的初步框架，清晰界定课堂学习的重点与难点所在。

二是基于目标导向和信息资源，各学习小组通过个体深思熟虑及集体协作，积极探索问题解决的途径或策略。在此过程中，各组之间的思想交融和互动交流促进了思维火花的激荡，进而深化了理解，明晰了思路。最终，教师对讨论成果进行归纳提炼，从而促进新知识体系的构建。

三是项目设计与实践探索环节，新知识体系一旦建构完成，便通过解决项目任务推动知识的迁移与实际应用。教师需再度创设问题背景，引导学生凭借对新知的深刻理解，尝试以项目导向的视角，运用习得的知识方法开展问题探究及思考，进而圆满达成项目设计目标。

四是综合反思与成果分享环节展开，各学习小组的代表就课堂学习的洞察与领悟进行跨组的互动讨论，涵盖了知识点理解、思考技巧以及团队协作等多个层面。他们积极接纳同组及教师提供的反馈建议，旨在为后续教学活动的优化作出有针对性的调整。

综上所述，基于STEAM教育理念的实践中，我们强调实际问题的提出、现实情境的构建以及真实数据的运用，旨在激发学生从多元视角和跨学科途径开展“创新思维”研讨，以确保项目解决方案的全面性，同时增强课堂的趣味性、普适性和创新性。

（四）教学评价与反思

教学评价与反思构成了对课堂教学实践的深度审视，旨在剖析实际教学与预设教学计划间的异同，此环节在教育过程中至关重要。有效的教学评价不仅能够揭示学生在课堂中的学习动态和成效，而且为教师后续优化教学提供宝贵的依据。评价视域下的STEAM教育倡导全方位的评估理念，强调同时兼顾结果性评价与过程性评价的整合。STEAM教育的核心在于促进学生的探究能力、问题解决能力、创新思维能力和协作沟通能力的全面发展。

据此，教学设计的全程，从预备阶段的规划，到实施期间对教与学行为的设想，乃至后期的评估反馈，都应当融入活动设计的考量。旨在通过深入的理论探讨和实例教学模式，为当前教育前线的教师提供可借鉴的教学设计方案，以期更有效地推动核心素养的落地生根，进而服务于我国创新型人才的培养目标①。

① Tanner Peter and Hingorani Ramon. Approach to Robust and Elegant Bridge Design［J］. Structural Engineering International，2021，31（4）：638-648.

第三章　数学教学中的情感因素

第一节　数学情感教育概述

一、数学学习情感概念

（一）情感

心理学视角揭示，情感可被视为个体对客观事物价值属性的主观评价反应，然而这一定义未能充分包容情感的多元层面。实际上，情感源于现实状况与个人需求间的契合程度，当需求得到满足时，情感体验倾向于积极，否则则倾向于消极。①

（二）数学学习情感

学生的数学学习情感可视为他们在掌握数学基础概念、理论框架及解题策略时所产生的主观体验和情绪反应。在此过程中，各种态度的交织催生了丰富多样的内心体验。具体而言，成功解决复杂的数学问题常带来欣喜与自尊心的提升；相反，遇到引人入胜的数学谜题则可能激发浓厚的学习兴趣；然而，面对无法攻克的难题或繁重的课业负担，学生可能产生厌倦和丧失积极性的情绪。因此，数学学习情感涵盖了学习过程中既积极又消极的各种情感表现。本研究将之划分为六个核心方面：学习动机、学习态度、学习体验、情感交流、学习意志和学科评价，强调数学学习情感对提升学生数学学习成效及促进其全面发展具有深远影响。

（三）情感因素在学习中的重要性

情感因素在教育领域的影响力日益增长，其与认知过程的交织表明情感状态可直接影响学生的学习成效。在数学教育的背景下，正面情感起到了催化作用，激发学生对数学的探究欲望和好奇心，驱动他们自发地挖掘数学的内在规律。同时，积极的情感体验能巩固学习动机和自尊心，使学生更倾向于积极投入学习，勇敢应对挑战，进而提高学业成绩。另外，情感状态对记忆和理解能力也有显著影响，正面情感通过释放有益的神经递质强化神经网络，从而增强学生对数学概念的吸收和理解，促进整体学术成就的提高。然而，不容忽视的是，消极情感如数学焦虑会对学习产生重大干扰，引发紧张、恐惧，影响专注力，破坏正常的认知运作。情绪波动同样会阻碍注意力的集中，降低学习质量和效率。负

① 刘新求，张垚．探讨培养数学情感的心理学规律［J］．太原教育学院报，2005（2）：71-73.

面情绪的持续存在可能导致学生学习积极性的消退，减弱对数学的兴趣，甚至产生回避学习的行为。

二、数学情感教育的相关研究

（一）情感教育的相关研究

1. 国外相关研究综述

情感领域的探索在国外有着较悠久的历史。教育学者逐渐洞察到情感在教育过程中的深远影响和核心地位。经由众多教育研究者的不懈努力，情感研究在理论构建与实践应用两个方面均取得了丰硕的成果。

（1）布鲁姆情感教育目标分类理论

1956 年问世的《教育目标分类学》是由布鲁姆及其研究团队共同编纂的著作。该理论创新性地将情感领域细分为五大主要类别，为进一步深入探索，这些类别又被精心衍化为多个次级范畴，如图 3-1 所示，呈现出教育评估的精细维度。

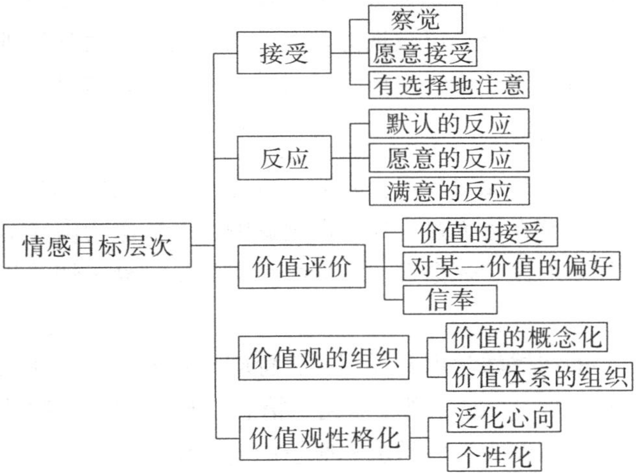

图 3-1　布鲁姆的情感目标分类

教学目标分类对评估与判别教师教学实践成效具有重大指导作用，尤其在设计教学目标时显得至关重要。参照布鲁姆的情感教育目标理论，可以洞察到激发和促进学生学习情感的成长并非瞬息之功，而是一个循序渐进、系统性地内化各个层次价值观念的过程。唯有如此，学生方能最终达成情感价值的最优化，确保学习情感目标的有效培育。

（2）罗杰斯人本主义教育理论

美国心理学家罗杰斯对认知心理学持批判立场，强调情感态度和价值观在心理影响中的主导作用，超过认知架构的影响力。他提倡的“非指导性教学”理念融入了情感教育元素，主张通过教学设计来呼应并激发学生的情感共鸣。① 罗杰斯坚信，情感在教育过程中发挥着至关重要的正面效应，积极的情感状态能够有效提升学生的学习热情。在学习环境

① 朱为群．罗杰斯人本主义教育理论述评［J］．教育理论与实践，1991（5）：53-56.

中，学生与同伴、教师之间的情感沟通是构建安全感的基石。这种安全感促使学生坦诚展现学习态度，充分释放个性特质，进而创造性地挖掘自身的无限潜力。

（3）苏霍姆林斯基的“情感动力”教育思想

在苏霍姆林斯基的教育思想体系中，最为人所知的贡献是其综合性的五育理念，涵盖了德育、智育、体育、美育和劳育。他认为，在这五大领域协同发展的同时，情感教育是不可或缺的黏合剂与动力源泉。情感教育如同一座沟通德、智、体、美、劳的桥梁，又似一种加速全面发展进程的催化剂，在其教育实践中占据核心地位。

在苏霍姆林斯基的情感教育理论中，“理智感”一词尤为重要，它涵盖了学生在教育过程中对学术知识的渴求、新奇发现的惊喜以及成就实现的感受。简言之，教师的职责在于，通过在教学活动中嵌入恰当且正面的情感元素，点燃学生的求知热情。进一步地，教师应运用多元的教学策略来唤醒学生的惊奇感，使他们在情感化的学习环境中体验到成功的喜悦。这种“理智感”的熏陶，能赋予学生学习的内在驱动力，激发他们对学习内容的积极情感，从而促进其在未来学习中的自主性和积极性。

置身于社会环境中的人类，情感教育的渗透显得至关重要。考量两者关系，社会与学校在功能上存在着交互性——社会可被视为宏大的教育场所，而学校则扮演着小型社会的角色。因此，将情感教育引入社会，本质上是对其理论与实践边界的一次深度探索。

2. 国内相关研究综述

我国的情感教育研究起步相对较迟，其萌芽可追溯至20世纪80年代，当时教育理论界的部分先驱已洞察到情感在育人过程中的深远影响，并首次明确提出“情感教育”这一理念。自此以后，该领域的探索逐渐升温，众多学者纷纷投身于情感教育的多维度探究与实证研究之中。

卢家楣教授所倡导的情感教学理念强调，教育应当致力于促使受教育者在教育实践中实现情感层面的成长与发展①。这一观点深化了情感心理学在教学领域的理论探索。孟照兰教授则指出，情绪与情感作为个体需求和愿望的内在反映，构成了一种复杂多元、多层次的心理现象，它们不仅是生命适应机制的关键组成部分，而且在人际互动及认知过程中发挥着重要的驱动和调节作用②。

李吉林强调情感在情境教学中的核心作用，认为在精心构建的情感互动环境中，能够促进学生从直观学习平滑过渡至抽象思维。③ 郭艳芬则提出，情感教学本质上是以学生为中心的教育理念，它重申了学生在教育过程中的主体角色，主张全力解决学生的困扰，秉持尊重与理解学生的原则，将这些理念全面渗透到教育教学的各个环节④。

---

① 卢家楣．情感教学心理学研究［J］．心理科学，2012，35（3）：522-529.

② 孟照兰．情绪心理学［M］．北京：北京大学出版社，2005：3-8.

③ 李吉林．情感：情境教育理论构建的命脉［J］．教育研究，2011，32（7）：65-71.

④ 郭艳芬．情感教学法在数学教学中的实践与探析［J］．教育与职业，2013（23）：151-152.

（二）数学情感研究综述

1. 国外相关研究综述

（1）数学情感因素

全球范围内，数学情感的研究多从心理学视角切入。学者 Mcleod. D 提出数学教育情感的核心构成包括情绪、态度和信念三个方面，其中情绪以其显著的情感特性及波动性占据主导；相反，信念因其丰富的认知成分而展现出极高的稳定性；态度则在这两者间起着桥梁作用，兼有情感与认知的均衡，且其自身具备一定的稳定性。后续 Goldin. G. A 和 De Bellis. V. A 在 Mcleod. D 理论基础上，进一步拓展了这一框架，引入了第四维度——价值观，构建了情感四面体模型①（如图 3-2 所示），从而使态度的定义涵盖了认知与情感的动态平衡，加固了其稳定性的概念。②

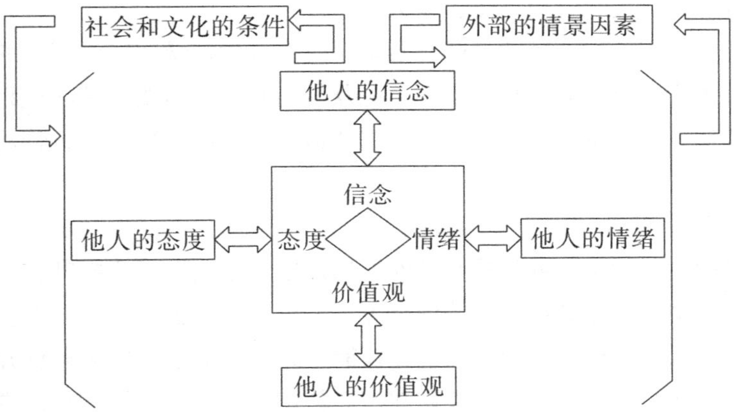

图 3-2 情感四面体模型

Goldin. G. A. 依据情感四面体理论，视情绪为数学活动中波动频繁的情感要素，故其性质不甚稳定；相较之下，信念与态度体现出相对的稳定性，它们是情感与认知相互交织后的均衡体现；价值观则处于最稳固的情感层面，蕴含深厚的情感倾向及认知元素。据此观点，在数学学习的历程中，情绪的波动会对信念、态度乃至价值观产生显著影响。

（2）数学情感的影响因素

Reyes 的研究揭示了数学情感与学科学习自信间的显著关联，具体表现为数学学习自信心与学业成就呈正向且高度相关的态势③。据此可推断，学生的数学成绩与他们的学习自信心及积极的数学情感息息相关，具有重要影响。

Newman 与 Wick 的探索揭示了在小学阶段，性别对于学习自信心的影响并不显著；然

---

① De Bellis V, Goldin G. The Affective Domain in Mathematical Problem Solving [A] . In: E Pehkonen. Proceedings of the Twenty-First Annual Meeting of PME [C] . Finland: Univ of Helsinki, 1997.

② Rosetta Zan, Laurinda Brown, Jeff Evans, et al. Affect in Mathematics Education: An Introduction [J] . Educational Studies in Mathematics, 2006, 63 (2): 113-121.

③ Reyes. L. H. Affective Variables and Mathematics Education [J] . Elementary School Journal. 1984, (85) .

而，进入中学阶段，女性学生的自信心水平相对男性显示出下降的趋势①。Fennema 和 Sherman 运用量化工具深入剖析了中学生对数学学习的情感体验，从而构建了性别差异的数学情感维度基准②。据此，我们可以推断在学术成长的不同阶段，性别因素可能导致数学情感表达的显著区别。

Marja-Liisa Malmivuori 的观察表明，学习者的数学学习情感体验往往深受其内在的自我认知、信念体系及个人评价的影响③。

2. 国内相关研究综述

（1）数学情感的概念

孔凡哲教授的见解指出，数学情感并非仅限于人际交往中，它同样存在于人与物体的互动之间。这一情感维度不仅渗透于数学教学的行政组织，而且贯穿各个具体的教学活动环节，展现出数学教育的全方位情感影响力④。

数学学习情感，据孙岚专家的见解，乃是学生在数学探索期间涌现出的复杂心态与情感倾向，它涵盖了个体对数学的热忱水平，以及他们对数学本质、学习过程及教材所产生的深刻体验和认知。此情感是数学认知实践中塑造出的，蕴含数学学科特质的个性化精神境界的体现⑤。

（2）数学情感的作用

蔡金法教授的见解指出，数学核心素养的构建框架立足于自我提升、社群互动与文化根基，强调学生应掌握学习之道，保持健康生活，勇于实践创新，并具备责任感、人文素养和科学精神。此素养不仅涵盖数学的认知技能，亦涉及情感态度等非认知层面，正面的数学情感促进学生面对数学难题时更具韧性，对数学实践活动更加专注，进而对提升数学成绩产生积极影响⑥。

史宁中与孔凡哲两位教授提出，数学学习的历程可被视为一种“情知交融”的动态过程，在此过程中，认知活动与情感及意志层面相互促进，同时涵盖了新知识的获取、思维历程的体验、智慧的领悟以及完整人格的塑造⑦。

（3）数学情感的维度

在《PME：数学教育心理》这一著作中，李士锜教授深入探讨了数学教育心理学领

① Newman, Wick. Instruments Designed to Measure Attitudes Toward the Learning of Mathematics by Females and Males [J]. Journal for Research in Mathematics Education. 1976, 7 (5): 324-326.

② Fennema, Sherman. Instruments Designed to Measure Attitudes Toward the Learning of Mathematicsby Females and Males [J]. Journal for Research in Mathematics Education. 1976, 7 (5): 324-326.

③ Hannula, M. s. Affect in Mathematical Thinking and Learning [J]. A Pape Presented at The Future of Mathematics Education and Mathematics Learning conference, 2005.

④ 孔凡哲，朱秉林．数学情感及其规律［J］．数学教育学报，1993，2（2）：62-66.

⑤ 孙岚．初中生数学学习情感的现状调查与思考［D］．扬州：扬州大学，2004：3-40.

⑥ 蔡金法，徐斌艳．也论数学核心素养及其构建［J］．全球教育展望，2016（11）：10-15.

⑦ 孔凡哲，史宁中．中国学生发展的数学核心素养概念界定及养成途径［J］．教育科学研究，2017（06）：5-11.

域，强调信念、情绪及态度构成了情感因素的核心要素①。

燕国材教授所提出的观点认为，情感、性格及意志等非智力要素，在学习过程中发挥着至关重要的启动、导向、维持及强化功能，这些他统称为情感因素②。

三、数学情感因素分析

数学情感体验可被定义为主体在从事数学实践时，对客观情境的满足程度所引发的心理感受，它涵盖诸如学生的数学自我、数学自我效能感以及数学焦虑等核心要素。

（一）数学自我

1. 数学自我的概念

自我概念源于个体的经验积淀与他人反馈，表现为个人对自身的认知和评估③。Shavelson 在 1976 年划分的自我概念框架，包含学术与非学术两个维度，进一步细分为如数学和语文等学术领域自我概念④。当前学术界普遍从认知、评价和情感三个方面探讨学术自我概念，它作为自我概念的深化部分，可视为个体在教育环境中对自身学业能力持久的认知和评价，涉及个体对学业成就可能性的预判，以及对自己学习效能和表现的反思⑤。具体到数学领域，数学自我概念体现为学生在校园背景下对数学学科整体的理解，包括他们对数学特长、能力和知识的稳固认知、感受及评价⑥。这一自我知觉和评价不仅源于数学实践，还受到个体特质和社会环境经历的影响，构成了学生自我意识中的独特数学认知部分。

2. 数学自我概念的结构及调查

目前，数学自我概念的评估工具主要分为两类：一类专注于数学领域的自我概念评估。例如，洪志成设计的数学自我概念量表，涵盖了数学自我形象、自信心、自我接纳和自我行动四个层面，共 37 项指标⑦；裴昌根针对我国初中生研发的数学自我概念量表，侧重于自我认知、体验和调节三个维度⑧。另一类则为更广泛学业自我概念量表中的数学子量表，如 Marsh 的自我描述问卷，其中整合了数学自我概念的考查。Marsh 通过验证性因

---

① 李士锜．PME：数学教育心理［M］．上海：华东师范大学出版社，2001.

② 燕国材．非智力因素与教育改革［J］．课程·教材·教法，2014，34（7）：3-9.

③ Pietsch，Walker，Chapman. The relationship among self-concept，self-efficacy and performance in mathematicsduring second school［J］. Journal of Educational Psychology，2003（03）：589-603.

④ 徐富明，施建农，刘化明．中学生的学业自我概念及其与学业成绩的关系［J］．中国临床心理学杂志，2008（1）：59-62.

⑤ 郭成，何晓燕，张大均．学业自我概念及其与学业成绩关系的研究述评［J］．心理科学，2006（1）：133-136.

⑥ 梁好翠．初中生数学自我概念的调查与分析［J］．数学教育学报，2010，19（3）：42-45.

⑦ 洪志成．学业自我概念与学业成就、重要他人的相关研究回顾［J］．台东大学教育学报，2010，19（3）：42-45.

⑧ 梁好翠，刘阳．广西民族地区农村中学生数学自我概念和数学焦虑的研究［J］．民族教育研究，2018，29（3）：94-100.

素分析揭示数学自我概念由能力自我概念和情感自我概念两个维度构成，如图 3-3 所示，这一理论构念已得到众多实证研究的支持①。

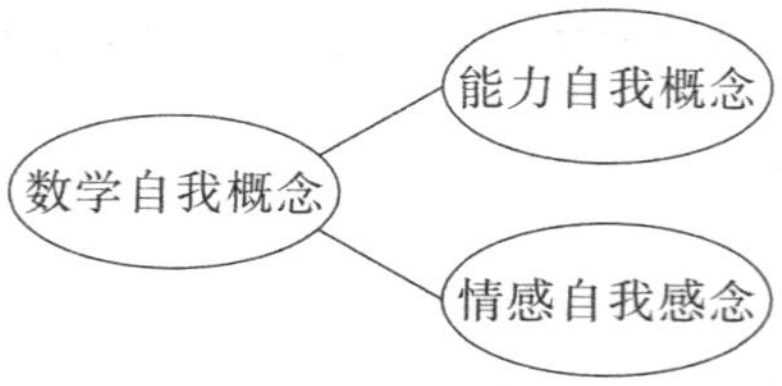

图 3-3　数学自我概念结构图

（二）数学自我效能感

1. 数学自我效能感的内涵

Bandura 提出的自我效能概念揭示了一种中介机制，该机制使个体能够将知识与技能有效地转化为实际行动，即自我效能感。这一理论强调，自我效能感是个体对其自身实现成功所具备能力的信念体现，涉及对个人及环境因素如何塑造任务表现的掌控感。继 Bandura 之后，Stajkovic 等人深化了这一观点，视自我效能感为个体对其能力的正面评价之信念②。尽管不同研究者对自我效能感的定义存在差异，但他们普遍共识是，自我效能感并非固有才能，而是个体对其潜在能力的感知和信念，表现为将自身能力转化为特定行为的信心。它具有前瞻性，不关注过去事件的结果，而是对未来行动可能性的自信预期。此外，自我效能感非静态特性，而是动态演变的，会随着情境变迁而发生变化③。在数学教育的特定背景下，就衍生出了数学自我效能的概念。

自 1978 年 Dowling 开创性地探索数学问题解决的信念以来，数学自我效能感的研究逐渐兴起并蓬勃发展。Hackett 与 Betz 对此概念进行了精细化阐述，将其界定为个体依据特定情境和问题对其数学学习能力的自信评价④。这一定义在学术界获得了普遍认同。高欢和陈克胜在回顾自我效能感与学习自我效能感理论时，强调数学自我效能感是个体在数学学习过程中，对自身能够成功执行任务的信念度量，也是他们对掌控数学学习行为及成绩的主观认知和体验⑤。据此，我们可断言数学自我效能并不直接等同于数学能力的强弱，而是反映了个体在数学领域中对达成任务的自信心水平的一种估计和判断。

2. 数学自我效能的结构及调查

Dowling 构建的数学信心量表（MCS）涵盖了算术、几何和代数三大领域，包含 18 项评估，其情境设计兼顾实际与抽象，旨在考查大学生在解决数学问题中的自信心及其解决

① Pietsch，Walker，Chapman. The relationship among self-concept，self-efficacy and performance in mathematicsduring second school ［J］. Journal of Educational Psychology，2003（03）：589-603.

② 周文霞，郭桂萍．自我效能感：概念、理论和应用［J］．中国人民大学学报，2006（01）：91-97.

③ 边玉芳．学习自我效能感量表的编制［J］．心理科学，2004（05）：1218-1222.

④ 张佳佳，李红霞，张明亮，等．小学儿童感知到的教师支持、数学自我效能感与数学成绩的联系：有调节的中介模型［J］．心理与行为研究，2019，17（05）：644-651.

⑤ 高欢，陈克胜．数学自我效能感的研究现状和展望［J］．数学教育学报，2017，26（01）：76-81.

问题的能力。MCS 被认为是数学自我效能量表的先驱。Hackett 和 Betz 受 MCS 启发，针对大学生研发了数学自我效能量表（MSES），该量表关注数学任务、问题及课程，共计 52 题，分为三个维度①。Kranzler 和 Pajares 将 MCS 修订为 6 级评分制，以增强对数学自我效能层次的区分度，关注学生在独立解决数学问题、参与数学活动及成功修读数学课程方面的自信心。上述量表侧重于具体数学问题解决能力的评估。与此同时，有的研究者通过改编一般学业自我效能量表构建数学自我效能量表，例如 Stankov 等在探究数学自我效能、自我概念与数学焦虑关联时采用的问卷，采用“我确信能克服数学中的艰难任务”等陈述②。李跃和王翠萍的研究中，依据 Gibson 和 Dembo 的教师效能量表改编出的数学自我效能量表，主要由能力自我效能和行为自我效能两部分构成③。

经分析各类数学自我效能感量表，虽部分量表凸显了数学学科特性，却未专注于评估数学学习情感，如 MCS 量表。通常，自我效能感量表着重考察个体面对学业困境和挑战时的自信水平及奋斗意志。在学习自我效能的构架中，“能力感”与“努力感”占据核心地位：“能力感”涉及个体对其自身能力的认知，对未来学习成果的期待，以及设定学习目标的实现信念；而“努力感”则指个体对在学习过程中可能付出努力程度的估计④。据此，数学自我效能感可被定义为包含数学学习的自信心和努力意愿两个相互关联的维度，如图 3-4 所示。

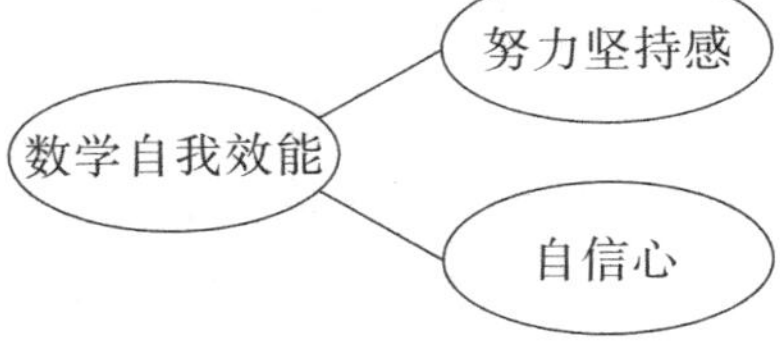

图 3-4　数学自我效能结构图

（三）数学焦虑

1. 数学焦虑的内涵

数学领域的学术成就显著影响整体学业成绩，因此数学学业焦虑的研究逐渐成为焦点。Dreger 和 Aiken 率先引入了“数字焦虑”的概念，揭示了个别学生在面对数字任务时可能出现的紧张和思维困扰，指出这种焦虑状态可能导致数学学习的困难。Richardson 和 Suinn 进一步深化并拓展了这一概念，形成了数学焦虑的明确框架，将其描述为个体在日常及学术环境中进行数学运算和解题时体验到的紧张和焦虑情绪⑤。生理层面的探讨也随之展开，一些研究者认为数学焦虑体现在个体参与数学活动时伴随的身体反应，如心率加

---

① 张咏梅．数学自我效能研究综述［J］．数学教育学报，2007（2）：28-31.

② Lazar Stankov，Jihyun Lee，Wenshu Luo，David J. Hogan. Confidence：A better predictor of academic achievementthan self-efficacy，self-concept and anxiety［J］. Learning and Individual Differences，2012，22（6）：747-758.

③ 孙思雨，朱雁．初中生数学自我效能感及其校准性的调查研究［J］．数学教育学报，2019，28（6）：27-32，91.

④ 边玉芳．学习自我效能感量表的编制［J］．心理科学，2004（5）：1218-1222.

⑤ 胡传辉，肖慧．数学焦虑影响因素探析及教育启示［J］．教学与管理，2007（18）：76-77.

快等。彭瑜和徐速强调，数学焦虑是个体面对数学时特有的心理紧张和心悸体验①。司继伟等学者在整合既有理论的基础上，将数学焦虑定义为在解决数学问题时产生的紧张、恐惧和不安，以及由此引发的消极情绪应对策略②。

观察得知，数学焦虑的定义在学术界尚未达成共识，研究者们分别从生理和心理层面对其进行阐释。据此整合多元观点，可将数学焦虑定义为个体在进行数学学习时所体验到的负面情绪反应，以及伴随而来的行为和认知变化，其特征包括但不限于紧张感、恐惧感、心率加速等现象。

2. 数学焦虑的结构及调查

早期影响较大的是 Richardson 和 Suinn 编制的数学焦虑等级量表（MARS），该量表主要包含数字焦虑以及考试焦虑，具有良好的信效度。Plake 和 Parker 在 MARS 的基础上进行简化从而发展出了 R-MARS 量表，主要包括了数学学习焦虑和数学评估焦虑，该量表涵盖了 24 个题项，主要针对大学生③；Chin 和 Henry 针对四到八年级的学生，制定了儿童数学焦虑量表（MASC），总共 21 个题项，此量表主要包含了四大维度，即数学评估焦虑、数学学习焦虑、数学问题解决焦虑以及数学教师焦虑④。

中国学者耿柳娜与陈英和继承前期研究，对 MASC 进行了本土化改造，发展出契合我国儿童数学教育实际的《儿童数学焦虑量表》⑤。叶蓓蓓等借鉴 R-MARS 量表，编纂了一套适应我国学情的数学焦虑测评工具，其中涵盖了考试焦虑、课堂焦虑和作业焦虑等元素⑥。梁好翠和刘阳在对广西民族地区中学生心理状态探究中所采用的数学焦虑量表，则特定了数学考试焦虑和学习焦虑两个层面⑦。综合以上，多数量表普遍涉及考试焦虑和课堂焦虑等情境，同时，有部分研究者依据数学焦虑的主要来源——数学学习（包括课堂与自我学习）及数学评估（如解题、小测和常规考试），主张将数学焦虑划分为学习焦虑与评价焦虑两大部分⑧，如图 3-5 所示。

① 彭瑜，徐速．不同数学学业成就初中生数学焦虑的研究［J］．数学教育学报，2012，21（4）：40-43.

② 司继伟，徐艳丽，封洪敏，等．不同数学焦虑成人的算术策略运用差异：ERP 研究［J］．心理学报，2014，46（12）：1835-1849.

③ 张帆，祝振兵．中文版数学焦虑量表的信度和效度研究［J］．数学教育学报，2011，20（4）：59-62.

④ 司继伟，郭凯玥，赵晓萌，等．小学儿童数学焦虑的潜在类别转变及其父母教育卷入效应：3 年纵向考察［J］．心理学报，2022：1-16.

⑤ 耿柳娜，陈英和．数学焦虑对儿童加减法认知策略选择和执行的影响［J］．心理发展与教育，2005，21（4）：24-27.

⑥ 叶蓓蓓，韦琴琴，梁丹．进城务工人员子女初中阶段数学焦虑调查研究［J］．数学教育学报，2012（3）：43-46.

⑦ 梁好翠，刘阳．广西民族地区农村中学生数学自我概念和数学焦虑的研究［J］．民族教育研究，2018，29（3）：94-100.

⑧ 于海媚，陈瑶瑶，何江柳，等．中文简式数学焦虑量表在初中生群体中的初步修订［J］．中国临床心理学杂志，2021，29（6）：1198-1202.

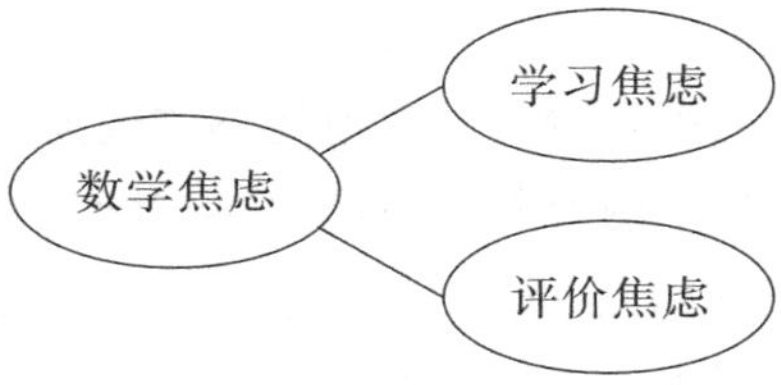

图 3–5　数学焦虑结构图

四、数学学习情感的理论模型

在学术探究中，学生的学习情感体现为多元且复杂的特性，这要求我们超越传统的学习情感心理学框架。本研究立足于情感社会学、情感心理学及教育学的理论基石，对学习情感的理论视角进行了深化和拓宽，进而提出了一个综合的历时性、共时性和层次性理论模型，旨在深化对学生学习情感的理解。具体而言，数学学习情感展现出明显的历时性特征，可依据学生对数学的偏好和认知发展阶段划分为不同的阶段；同时，其共时性特质揭示了学习情感内容间的内在关联和动态互动；此外，学习情感的层次性表明，不同主题和范畴的情感体验存在层次差异，影响着情感的深度和广度。因此，借助三维空间结构模型（如图 3–6 所示），我们可以更透彻地剖析学生数学学习情感的结构组成。

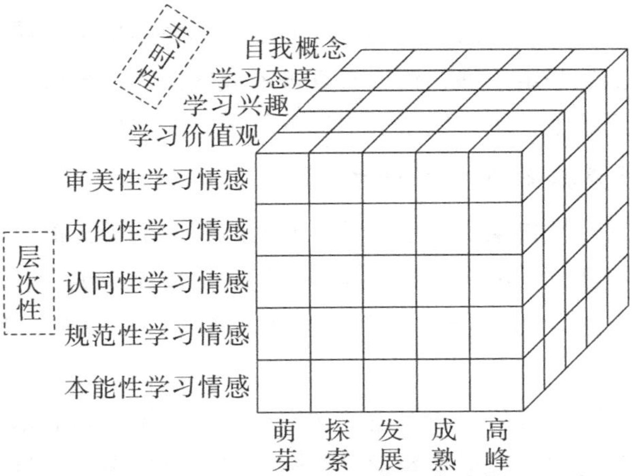

图 3–6　数学学习情感的结构模型

（一）数学学习情感的历时性结构

从时间演进的角度考查学生学习情感的建构，其发展轨迹应展现出逐步走向成熟与稳定的特性，纵向地揭示出个体的情感发展历程。通常，这一过程可划分为启蒙阶段、试错阶段、成长阶段、成熟阶段及巅峰阶段。鉴于学生所处的学习情境、接触的学习材料以及对数学学科的情感倾向存在显著差异，他们在不同时间点上展现出的学习情感也相应地呈现出多样性。

学习情感的启蒙阶段主要表现为对数学价值的认知与接纳，它标志着个体认识到数学的重要性，并显示出对教师教授内容的包容性，此阶段如同情感“启动器”，构成了情感发展的基础层次。进入发展中的探索阶段，学习情感体现为对数学的专注与互动，学生在吸收知识的同时，能积极关注数学内容并自发产生参与行为，这一阶段起到了情感“驱动力”的作用，催生出主动学习的倾向。进一步，当情感进入成长期，对数学的兴趣与偏好显现，个体开始对学习内容表现出显著的喜好和倾向，然而这种喜好尚不稳定，易受环境因素影响。随着情感的成熟，表现为对数学的坚持与定型，个体在适宜的环境中展现出一贯的行为模式，且这种模式逐渐稳固，不易因时间推移而波动。最后，学习情感的巅峰阶段则是数学的内化与个性化，经过长时间的稳定保持，个体深深被数学吸引，其对数学的价值认同与态度在思想和行动上达到深度统一，这是学习情感的最高境界，通常仅少数人能臻于此境。

以一名原先对数学课缺乏兴趣的学生为例，其在遇到一位杰出的数学导师后，首次体验到一种深刻的内在兴奋，从而揭示了数学的内在价值，此阶段可视为觉醒期。在教师的引导下，学生开始专注聆听课堂，积极回应教学内容，标志着其进入了探究阶段。此时，学生自发地在课堂上主动发言，积极参与师生互动，课后则以目标导向和计划性的方式投入数学作业的完成。随后，进入成长期，学生对数学产生兴趣，乐于阅读数学书籍，自发解决数学问题，尽管这种热情尚不稳定，易受外界影响。随着对数学学科的逐步深入，学生认识到自己对数学的热爱是持久不变的，即使面临如教师更换、课程难度变化等不可预见的情况，这一热爱依然坚定不移，标志着其进入成熟阶段。最终，学生的数学热忱达到顶峰，不仅深深沉迷于数学，更在数学学术界取得了一定的成果，其学术素养持续精进。

（二）数学学习情感的共时性结构

数学学习情感的共时性构架侧重于对情感元素的横向剖析，揭示了各要素间的互构关系。鉴于情感的动态特性，学习情感的内容体系呈现出彼此交织、相互促进的特征。具体而言，这一构架可划分为学习价值观、学习态度、学习兴趣以及自我概念四个核心组成部分。

学习价值观立足于宏观视角，它塑造了学生对数学整体认知的基调，发挥着至关重要的导向作用。这一价值观内隐地形塑着学习目标、态度及兴趣，一旦出现偏差，可能导致学习路径的偏离。因此，教师在实施情感教学策略时，首要任务是对学生进行恰当的价值引领。这种引领不仅涵盖数学学科固有的内在价值，亦强调学习数学所能衍生的实践意义。在具体实践中，教师可在传授数学知识前，引入生活情境作为教学实例，以此凸显数学的应用价值，激发学生的实际感知。

学习态度作为一种中观层面的分析工具，揭示了学生在数学学习中的动态展现，它涵盖了既定的外显学习行为，也深及内在的心理活动状态，对学习效果产生至关重要的影响。作为非认知因素的关键构成，学习态度的形成是环境因素与个体特质交互作用的产物，可被视为学习价值观的内化过程。学生的学习价值观直接影响其对待数学学习的态度，而学习态度又与学习兴趣和自我概念相互交织，互为影响。当学生的兴趣得以激发，其学习态度随之改变，进而提升自信心和其他相关心理素质。

从个体层面探讨，学习兴趣体现为学生对数学的整体偏好，发挥着重要的动力激发作用。常言道，兴趣是最佳导师，相较于智力因素，它更能驱动学生刻苦钻研。个体对于感兴趣的主题总是表现出自发的探索欲望，故此，保持学习兴趣对于维系热爱学习的状态具有决定性意义。学习兴趣涵盖两个方面：一是源自内在的个人兴趣，它有助于塑造学生的学术价值观，端正其学习立场；二是由外部环境催生的情境兴趣，此种兴趣能够促进学生的社会互动，并使他们认识到数学作为一门具有广阔应用前景的学科价值。

自我概念作为一个微观视角下的自我认知体系，发挥着至关重要的导向功能。它对学生形成全面的自我理解，其影响力深远，既可能催生积极效应，亦可能带来消极影响，故此强调引导学生树立健康的自我观念显得尤为必要。积极的自我概念奠基于学习价值观、学习态度以及学习兴趣之上，这四个方面要素共同编织成一个正向反馈的循环系统，彼此之间相互作用，互为影响。

（三）数学学习情感的层次性结构

数学学习情感在学生的成长轨迹中展现出明显的层次特性，意味着在动态演变中会逐级递进至不同阶段。据此，我们可以依据情感水平的维度，将学生数学学习情感划分为五个类别：本能层面的学习情感、规范化的学习情感、认同感驱动的学习情感、内化于心的学习情感以及审美体验层面的学习情感。

在本能层面上，学习情感表现为个体驱动，以自我为核心，数学学习源于内在本能，未受外界影响，表现为无拘无束的学习态度。此阶段学生仅遵从个人意愿执行任务，对数学缺乏兴趣，忽视环境期望，其学习态度消极，视随意学习为最优选择。规范性学习情感建立在遵循明示规则之上，关注学习规范，但自我认知倾向于否定，对学好数学缺乏自信，体现出显著的他律特征。此类学生严格恪守既定学习规则，按部就班，学习兴趣初露端倪，他们认为平稳无起伏的学习即为高效。认同性学习情感以接纳学习规范为前提，体现为自我行为的适度约束，标志着初步自律的形成。这类学生认同良好的数学学习习惯，倾向于模仿优等生的行为模式，他们在学习过程中常调整态度，肯定自我能力，参与流行的学习活动。内化性学习情感则基于对学习道德的内化，表现为对数学学科的热爱及自我能力的肯定，是高度自律的表现。此类学生逐渐认识到数学的价值，自信于自身能力，形成独特的学习信念和风格。审美性学习情感源自对数学的审美感知，深厚的学科兴趣支撑着持久的学习动力，是深度自律的体现。这些学生真心热爱学习，内外一致，视数学学习为一种愉悦的体验，构成了他们独特学习经历的精髓。

五、情感因素对数学学习的影响

（一）积极情感对学习的促进

正面情绪在数学教育中扮演着至关重要的角色，它能够有效激发学生的学习积极性，并对增强其学习成效产生积极影响。

首先，积极情感能够催生学生对数学学科的兴趣与探究欲望，进而驱动其深入学习。

当学生体验到对数学的浓厚好奇时，他们的参与度往往会显著提高。好奇心不仅使学生超越被动接受知识的状态，更能激励他们主动发问，积极寻求解决方案，进而对数学世界进行深度挖掘。这种自主探索的态度对于塑造学生的创新思维和独立解决问题的能力至关重要。

其次，积极情绪可强化学习动因与自尊心。它能激发学生更强烈的学习意愿和自信心，从而有效地面对学术挑战。当对数学抱有浓厚的兴趣时，学生倾向于更主动地钻研新的数学原理和求解策略。这种源自内心的动因驱使他们投入更多精力，以实现更卓越的学习成果。同时，通过在兴趣引领下的学习实践中取得成功，学生的自信心得到增强，更加确信自身在数学领域的潜能。

最后，积极情感对增强记忆与理解能力起着关键作用，它能调控大脑的生化反应，促进神经元间的有效联结，从而对学习成效产生正面影响。在学习过程中，正面情绪能够释放如多巴胺之类的神经传导物质，进而强化记忆巩固和理解领会。同时，积极的情感状态可使学生保持更高的注意力集中度，使数学知识的习得更为顺畅。这种情感倾向激发学生进行深度探索，有助于培养他们的批判思考与分析问题的能力。

据此可见，正面情绪在学习过程中发挥的助推作用主要表现在激励学习热情与探索欲望、巩固学习动因和自尊信念，以及提高记忆力和理解力等多维度。因此，教育从业者可通过营造富有积极性的学习氛围，以及巧妙地诱发学生的探究精神，以期在数学教育领域实现更优的教学成效。

（二）消极情感对学习的阻碍

负面情绪对数学学习亦有着显著影响，甚至可能转化为学业进步的阻碍。

首先，数学焦虑作为一种情感困扰，常扮演着阻碍学生数学学习的角色。它激发了学生的紧张、畏惧乃至无力感，对数学持有消极态度。这种心理状态不仅干扰了学生的情感反应，而且直接作用于其学习成效。在面对问题解决时，焦虑可能导致恐慌，引发思维紊乱，使学生难以自如地应用所学概念。因此，错误的解答层出不穷，进一步拉低了学业成绩。此外，数学焦虑也可能固化学生对数学的负面刻板印象，视之为难以逾越的难关，从而整体上扭曲他们对数学的理解。

其次，情绪不稳对专注力与集中的干扰作用不容忽视。作为消极情绪的一种体现，它可能对学习过程产生负面效应。当学生的情绪出现显著起伏时，其注意力和集中力的维持变得困难。这种情绪的波动往往阻碍他们在学习中进行深度思考，从而降低学习成效。具体来说，情绪不稳可能会让学生在学习期间更容易分神，无法有效地聚集精神执行任务，进而造成学习时间的无效消耗，影响整体学习效率。

最后，消极情绪对学习动机的消解作用显著。学生体验到的负面情绪可能导致其对数学学习的热情逐渐减退。他们可能将数学视为一项困扰重重的学科，从而产生厌学情绪。在此种心境下，他们的学习主动性会受到抑制，面对数学时可能倾向于回避。这一连串反应将对学习动力产生负面影响，制约了学习成绩的提高。

据此，情感因素在数学教育领域呈现出双面性影响，既可激发学习的积极性，他可能产生抑制效应。探究并妥善处理这些情感因素，对于营造有利的学习氛围以及推动学生的全面成长至关紧要。

第二节　数学学习情感困境及成因

为优化学生的数学学习情感体验，进而鼓舞其学习积极性，营造愉快的学习环境，本节首先对学生的数学学习情感状态进行深入剖析。在此基础上，系统地归纳现存的问题，并结合影响因素及理论洞察，探查这些问题的根源。

一、学生数学学习情感存在的问题

（一）学习价值观存在偏颇，忽视数学实用性

数学学习价值观作为影响学生数学学习的内在驱动力，不仅塑造其学习目标与行动，还深远地作用于他们的努力程度和社交体验。它是学生对数学学科价值的认知评价，从而在学习过程中发挥关键的导向功能。对于学生而言，若早期未能树立恰当的学习价值观，将对后续学习产生持久的负面影响。理想的数学学习价值观应包含对学科实用价值、必要性和重要性的认同，反映出学生对数学本质及其知识内容的肯定。然而，在实际情况中，部分学生在实践中的数学学习价值观有所偏离，他们尽管认识到数学的必要性和重要性，却对其实用性持消极态度。这种现象在高年级和高水平的学生群体中尤为突出。随着学年的递增，学生对数学的态度发生显著转变，他们承认数学学习的重要性，但对其实际应用价值的认知却显得模糊或有限。这揭示了一个事实，即学生虽意识到数学学科的至关重要，也明白它是一项必修课程，但他们并不能深入理解学习数学的价值和功能，不能将数学知识与日常生活和未来工作场景有效结合。总体来看，一部分学生的学习价值观倾向于片面，亟待纠偏。

（二）学习兴趣整体偏低，学习氛围较为消极

数学学习兴趣的激发不仅是凝聚学生注意力的关键，亦能深植内在的学习动因。兴趣的萌发驱动学生自发地承担学习任务，催生愉快的学习情感，使他们专注于探索性的学习活动，进而巩固数学学习的自尊与自信。故此，学习兴趣的培育在数学教育中扮演着至关重要的启动角色。通过对比分析性别、年级、学校类型及学业成绩各异的学生群体，我们发现不论男生、女生，低年级或高年级，公立或私立学校，甚至成绩优劣，学习兴趣普遍偏低。尤为值得关注的是，随着学段的晋升，学生对数学的兴趣呈递减态势，即使那些学业表现优秀者，其学习兴趣也未见高涨。总体而言，部分学生对数学的学习并未展现出强烈的热忱。

（三）学习专注力较差，学习习惯不良

学习态度作为一种持久的心理取向，对学习成效产生显著影响，并形塑学生的学习行为模式。在数学教育情境下，学习态度问题主要体现为两个方面：其一，学生的注意力集

中度不足。尽管他们在课堂上表现出认真听讲和主动思考，但在分心后恢复专注的能力较弱，显示出他们在积极参与的同时，缺乏有效的自我调控能力。其二，不良的学习习惯普遍存在。尽管学习态度在性别和年级间的差异不显著，但与学校背景和学业成绩关联的总体学习态度差异明显，且低于学习价值观和自我认知水平。这揭示了学生在自我驱动、知识巩固和课堂参与感等方面的不良学习习惯，特别是他们往往未能及时复习当天所学的数学知识，成为一个突出的问题。调查发现，大部分学生未养成复习当日课程的习惯，这表明他们的学习习惯有待改进。总的来说，部分学生在行为实践和内在动机层面均存在亟待解决的问题。

（四）自我概念感不强，社会交往性较弱

自我认知是个体对自身的总体评价，其塑造受到个体成长历程、社会环境及多维度知识的深刻影响。这一认知不仅左右着个体的学习情感体验，而且塑造了他们的世界观。对于学生而言，健康的自我认知能催生学习的自信心，促进积极的同伴互动，并强化对学术成就的认同感，故对个体的成长和学业成绩具有决定性意义。目前观察到的现象是，一部分学生在社会认知层面有所欠缺，表现为不易察觉他人优点或缺乏向他人学习的动力。尽管他们普遍认可数学学习有助于培养良好的学习习惯，并对自己的数学能力持有坚定信念，但在与同侪的学习交流中却表现出不足的主动积极性。从年级差异的角度分析，课堂教学实践中，高年级学生的自我认知显著低于低年级，显示出年级提升并未同步增强自我认知，反而可能削弱，这在一定程度上揭示了学生的社会性发展的局限。此外，自我认知在不同学业表现的学生间也存在显著差异，成绩优秀者明显优于落后者，暗示后者较少主动借鉴和学习前者的经验。综上所述，目前部分学生在社会交往层面的差异性依然显著。

二、学生数学学习情感存在问题的成因

（一）教育评价结果的功利性突出

当前，对“智力与分数”的过度倚重未能得到有效破除，学业成绩持续扮演着衡量学生能力的核心角色。在教学实践中，学校评价侧重学科知识和智力增长，而对学生的全面素质发展关注不足。评价手段多依赖标准化的纸笔测试，过于强调量化结果，质性评价的应用相对匮乏，因此忽视了情感因素在实现素质教育中的核心地位，弱化了情感教育的功能。这导致学生在日常学习中难以充分感受学习的乐趣和意义。当学生面临繁重课业压力时，若缺乏有效的情绪管理，很可能产生消极心理。与此同时，学校固守传统的教育观念和评价模式，教师的教学策略依旧偏向应试技巧，教学目标仍以知识传递为主。在这种框架内，数学等学科的学习变得枯燥无味，难以激发学生的内在学习动机，不利于培养积极的学习情感。更甚者，学校教育过于追求外在的、能在考试中显现的成绩，而忽略了学生在学习过程中自我价值的实现，如乐趣和兴趣的培养，这使学生探索和深思的机会受到压制，严重阻碍了学习情感的生成与发展。

（二）学校层次定位的压力

学校层次定位乃基于校内资源、外部环境和社会期望的考量，是全校教职员工与学子

共同树立的目标。高等级、历史悠久的学府，尤为珍视其“声誉”，故承受着更为显著的社会压力。一方面，同层次的竞争学校竞相力争上游，以维护并巩固其高位，这使学生面临着更为严峻的学习挑战，导致课业负担加重，在严格的管理制度下，提升学业成绩成为教学的核心追求，学生自由探索个人兴趣的空间受限，学习体验的忽视往往导致学习情感降低。另一方面，中等层次的学校构成了另一重压力，高等级学府的地位可能受其潜在威胁。中等学校因其自身实力不俗，加之压力相对较小，其所在层次足以保证不致下滑，因此在教学压力上相对较轻，学生的学业负担也较轻，从而总体上呈现出较高的学习情感状态。

（三）教师情感教育观念意识淡薄

传统数学教育模式强调教师针对学生的困惑与难点进行知识传授，重点关注认知层面的技能习得，而相对忽视了学生在学习过程中情感体验的培育与影响。数学教育实则不仅是认知能力如知识和技巧的整合，还包括了学习过程中丰富的情感维度。部分教师秉持数学的理性特质，主张以思维训练为核心，认为掌握学习策略与完成学业目标即达成教育目的，因而未能充分引导和支持学生的情感发展。尽管有些教师认同情感教育的价值，但因对情感理解的局限性和不完整性，未能将其系统地内化为教育实践，缺乏对当下学生情感教育问题的深度探究和理论创新。

（四）学生本体条件的缺位

个体学生的特点在很大程度上决定了其学习情感的状态。观察显示，学业成绩优秀的学生往往展现出更为积极的学习情感，这暗示了个人基础知识的扎实程度对学习情感具有显著影响。数学学习尤其强调基础，早期的学习质量会直接影响后续阶段的学习成效。基础稳固的学生在后续学习中能保持高昂的热情，有利于取得更好的成果；反之，基础薄弱可能导致后续学习困难重重，随着时间推移，差距可能越发明显。随着学段提升，数学知识的复杂性增加，基础知识不牢固的学生将面临更大挑战，因而他们的学习情感可能较低迷。此外，有效的学习策略是提升学习情感的关键，数学的逻辑性要求超越机械记忆，而采用恰当的学习方法能显著提高效率。部分学生因采取不合适的学习策略导致数学学习受阻，从而降低学习的积极性。个人的学科观念深远地塑造着学习情感，缺乏数学观念和对其价值的认可，学生很难对数学产生深厚的情感联系。

（五）家庭教育方式的缺憾

家庭教育，作为教育系统不可或缺的环节，与学校教育相辅相成，对培养学生的学习情感具有奠基性的影响。家长对子女学习的态度深刻塑造着学生的学习经历，尤其在面对学业挫折或困扰时，家长的应对策略会给孩子带来各异的情感感受。一部分家长过度期待，过分强调分数，导致忽视了孩子精神层面的需求，反而加剧了学生的学业压力；另一些家长可能过于放手，或是因工作繁忙未能充分参与孩子的学习生活，这种疏离可能导致学生渴望被关注的情感得不到满足，久而久之，可能会滋生厌学心理。实际上，部分家长因观念陈旧或知识局限，未能认识到孩子年龄及认知发展阶段的特点，仅从自身视角苛责孩子，削弱了他们的自尊心和自信心，如此持续下去，将形成负面的教育反馈循环，进一步催生学生的消极情感体验。

第三节　数学学习情感提升建议

鉴于先前分析的学生数学学习情感的困境，接下来将同步探讨学校环境、教师指导、学生个体及家庭教育等维度的关键应对策略。

一、感悟数学学习价值，激发学生学习情感

学习价值观对学生的学习行为起着至关重要的导向作用，它与学习成效及内驱力紧密相关。强化学生的积极学习价值观，有助于塑造其持久而明确的学习目标。下面拟从学科内涵价值和学科实践价值两个维度，探索相应的教学策略，具体措施详述如下。

（一）引入数学历史，渗透数学文化价值

教育活动的至高境界在于激发学生的自主学习意识，并鼓舞他们勇于面对并克服学术上的挑战，而数学所蕴含的文化意义恰为这一境界的生动诠释。在教育实践环节中，将数学的文化内涵融入教学，一方面能深化学生对数学学科本质价值及其重要性的认知，促使他们运用数学语言进行沟通，从而点燃其内心深处的求知热情；另一方面，此举亦能将原本可能被视为单调乏味的数学学科，转变为充满吸引力和魅力的教育领域。对于学生群体而言，深入理解和掌握数学文化，才是启迪其数学兴趣、奠定坚实学科基础的关键所在。①据此，我们可以巧妙地融入数学历史的内容，促使学生深刻领悟数学所蕴含的文化底蕴，进而塑造他们正向且深刻的学习价值观念。在这一过程中，数学历史的引入不仅丰富了教学内容，而且使学生能够从更广阔的视角审视数学，认识到其不仅是公式与定理的堆砌，更是人类文明智慧的结晶，这对于学生构建全面而正确的学习观具有不可估量的价值。

将数学史有机融入教育实践，是彰显文化内涵的关键策略之一。教师需革新教育理念，认识到数学中蕴含的文化意义及情感维度，善用其丰富的文化素材，以期在传授数学原理的同时，潜移默化地熏陶学生的情感世界。展示中国数学的悠久传统与卓越贡献，可激发学生的民族自豪感，进而坚定他们钻研数学的信念；与此同时，穿插讲述数学的典故和历史进程，寓教于乐的讲授方式不仅有助于教师揭示数学的深层本质，促进多元文化的交融，亦能增强学生对数学的认识，提升课堂的吸引力，激发其学习数学的主动性，深化他们对数学学习重要性和实用性的认同。

教育机构作为培养学生学术情感的核心场所，肩负着激发学生对数学热爱的重任与期许，良好的校风对塑造学生的数学情愫具有深远影响。数学的历史进程充满曲折，学校可利用校园环境，如走廊、教室的墙面，展示数学伟人的话语、引人入胜的数学故事及卓越的数学成就，以此让学生在无形中领悟数学的文化底蕴，洞悉数学家坚韧的探索精神和克

① 李林波．数学文化在小学数学课堂中的渗透［J］．教学与管理，2020（3）：100-102.

服挑战的毅力。此举旨在提升学生的自信心，树立正确的学习态度，进而激发更强烈的求知欲。

（二）增强生活联系，挖掘数学应用价值

数学源于实践，复归于生活，实为应对现实挑战的利器。实施生活化的数学教育，旨在使学生领悟数学的实践意义，洞察数学与日常生活的内在联系，进而促使他们把握事物本质，树立科学的数学观念，以便运用数学语言解构现实世界。故此，教师在讲堂上应讲授数学的文化内涵，同时强调其应用层面，以揭示数学的本真，培养学生的数学应用意识。

在数学教育中，教师可采用具象的生活情境，将抽象的数学原理与日常生活相交融。鉴于学生常视数学为孤立且抽象的领域，而现实生活则充满多元趣味，故教师需引入源于生活的实例，以激发学生的探索兴趣。在设计情境时，务必确保其真实性，选择那些与学生年龄、认知发展相匹配的实例，使学生能从日常遭遇的问题中发现数学问题，进而缩短数学与生活的认知差距，提升学习动机。同时，作业布置也应体现生活化，因为数学并非孤立于生活之外，生活是数学实践的天然土壤。通过引导学生在日常生活中应用数学，可强化他们对数学实用性的理解。进一步地，教师应培养学生的洞察力，让他们认识到数学在任何时候、任何地方都发挥着不可或缺的作用。比如在教授几何图形时，可引导学生先从生活中识别各种图形，探究其功能和应用，以此彰显数学的实际价值。

综上所述，将数学教学与现实生活情境相结合，实质上是对教学与生活之间鸿沟的填补，同时亦能促进学习内容的多元化与深化。此方法将抽象概念具象化，为学生开辟了更广阔的探究领域和实践平台，进而有效提升其数学素质，并激发更为积极的数学学习情感。

二、激发学生学习兴趣，维持学生学习情感

兴趣作为学习动机的核心要素，展现出显著的活力与实效性①。它对塑造学生的积极学习情感情不言而喻，是驱动学生学术进步的关键因素。往往，学生在数学学习上的困境并非源于能力缺陷，而是动力缺失。当学生对数学抱有浓厚的认知欲望和探索精神，他们在学习的旅途中将自然展现出愉悦的情感状态，不再视学习为单纯的负担。点燃学习兴趣不仅能提供轻松有效的学习体验，提升学习成效，还能对长远的学习进程产生持久的支持。学习兴趣既可源自具体学习情境的即时吸引，也可演变为学生对学习本身的持久个人偏好。故此，教育者需兼顾学生的情境兴趣，同时注重培养其个体兴趣，并逐步引导其向深层的个体兴趣转变。

（一）创设物理环境，焕活外部情境兴趣

情境兴趣表现为个体对特定活动或学习任务的即时响应，它源于外部特征的吸引力，

① 潘菽．教育心理学［M］．北京：人民教育出版社，1980：76.

诱发一种积极而短暂的心理倾向①。尽管其易受外界环境波动的影响，但在学生的求知体验中，外部诱因往往构成了学习兴趣的主要来源。特别是在缺乏内在学习动机或预先存在的兴趣情况下，情境兴趣的激发扮演着至关重要的角色。故此，教育实践中应当着力于引导和培育学生的情境兴趣。

1. 采取新颖有趣的教学方式

教学活动居于学校教育的核心地位，它对促进学生的全面发展，以及激发和维持学生的学习热情具有至关重要的作用，也因此成为塑造积极学习情感的关键策略。富有创意的教学方法能够有效地吸引学生的注意力，激发他们在学习过程中的积极情绪。因此，教师需谨慎选择和运用教学策略。设置问题情境是其中一种有效手段，它可使课堂氛围生动活泼，增强其吸引力，进而鼓励学生积极参与思考，通过解决问题来发挥他们的主观能动性，促进发散性思维和创新意识的养成。此外，将游戏元素融入数学教学，利用学生喜爱的游戏形式呈现抽象的数学概念，既丰富了教学内容，又实践了“做中学”的理念，有助于保持学生的思维活力和专注力，从而使教学更具吸引力，实现教学与娱乐的有机结合。

2. 创造良好的学习环境

学习本质上是一项认知过程，学生置身于宽松无压的环境中，其学习效能有望显著提升，同时也更易催生积极的情感体验，尤其在数学这类需深度思考的学科中。在当前教育体系中，高等级的学校定位催生了校际的激烈竞争，导致学生承受无形的精神负荷，从而淡化了对学习体验的关注，学习情感亦随之降低。因此，学校有必要适时缓解这种高压态势，以舒缓学生压力。同时，学校可致力于营造宜人的校园环境，比如打造宁静的花园以供休闲，建设宽敞明亮、设施完备且布局合理的教室，这些举措旨在为学生创造优质的物理学习空间。然而，为了防止娱乐活动干扰学习专注度，应适当隔离学生的休闲与学习区域。良好的环境熏陶有助于培养学生的高尚情操，使他们保持轻松愉悦的心境，进而拓宽思维视野，点燃学习热忱，最终促进积极的情感共鸣，为培养持久的学习兴趣奠定基础。

（二）营造心理环境，唤起内部个体兴趣

在数学学习情境中，个体兴趣表现为一种持久的心理趋向，不易因具体活动的更迭而动摇，它能有效推动学生进行有意义的学习探索。作为学校教育情感领域中的核心要素，个体兴趣在学生对学科的选择与持之以恒上发挥着显著作用②。兴趣的激发主要源于内在动因，同时，心理环境对此具有不可忽视的塑造影响。

1. 构建和谐的师生关系

教学活动中首要的基础关系——师生关系，对提升学习兴趣及塑造学习情感至关重要。实证研究显示，学生往往因对特定学科教师的喜爱而产生对该学科的热忱，故建立和谐的师生关系有助于点燃学生的学习激情，促使其更积极地参与课堂活动。首先，教师需

① 李洪玉，徐良森，张龙梅．情境兴趣的研究进展［J］．心理与行为研究，2008（3）：235-240.

② 李洪玉，徐良森，张龙梅．情境兴趣的研究进展［J］．心理与行为研究，2008（3）：235-240.

在课堂内构建民主环境，消除学生的心理压力，如此他们才会自发地探求知识，并在遭遇数学困惑时勇于向教师求助。若课堂氛围压抑，面对单调的学科内容，学生的学习兴趣将大打折扣。其次，应确立学生在教学中的主体地位，使他们成为学习的主导者。教学本质上是教师引导、学生探索及师生互动的过程，故需摒弃单向传授的传统模式，赋予学生充分表达自我的空间。教师有时需要认识到，善于倾听往往比善于表达更为重要。最后，师生关系应建立在平等的基础上，教师避免以权威姿态压制学生，而应秉持平等与民主的原则，让学生感受到尊重与关怀。如此，学生在数学学习中将体验到轻松愉快，进而自然对所学科目产生浓厚的兴趣。

2. 丰富学生的知识储备

个体的兴趣发展深受其前期知识基础的影响。基础知识薄弱可能导致学习困难，进一步抑制兴趣的滋生；相反，扎实的先验知识能促进新知的快速吸收，从而有利于兴趣的培养。因此，提升学生兴趣的关键在于巩固基础知识，扩展其知识体系，为高级知识的学习构建稳固的阶梯。当新旧知识相互呼应时，学生将体验到强烈的认知共鸣，催生出深厚的个人学习兴趣。对于学生个体，面对挑战应勇于向师长或同伴求教，及时解决困惑，掌握有效的学习方法，避免问题堆积导致对学习兴趣的消减。教师的角色则在于全面丰富和优化教学素材，通过教学活动串联新旧知识，提炼其要点，引导学生洞察知识间的差异与联系，以此充实他们的知识库。

3. 培养内部的学习动机

学生的学习驱动力对其兴趣发展具有显著影响，不少学生从事数学学习的主要目的在于达成课业要求、赢得师长的认可，而非对知识本身的探求。外部动机主导下的学习易受外界因素左右，表现出较强的依赖性；相比之下，内部动机能激发学生的主动性和积极性。在教育实践中，固然要重视培养内在动力，但外部动力的作用也不容低估，它可维持并增强学生的内在动力。为此，教师和家长可通过给予学生积极的口头肯定、友善的微笑等正向反馈，以增强学生的自尊与自信；同时，赋予学生一定的自主选择权，如设定个性化学习目标、规划学习时间、选择适宜的学习策略以及决定评价方式，这些都能有效支撑学生的自我效能感，促使他们由被动学习转向主动学习模式①。

（三）建构兴趣发展模型，促进情境兴趣向个体兴趣转化

海蒂等人的兴趣发展四阶段理论被采纳，该模型详述了从情境兴趣至个体兴趣的演进过程：首先是情境兴趣的诱发；其次是其在特定环境中的持久保持，进一步发展为独立的个体兴趣；最后经由不断精进达到个体兴趣的成熟阶段。

1. 突出文本特征，诱发情境兴趣

此阶段涉及兴趣的初始萌发，其短暂性往往由特定文本诱发，尤其在学生对某知识点

① 罗丽芳．内部动机与外部动机的关系及对学校教育的启示［J］．宁波大学学报（教育科学版），2013，35（1）：42-46.

尚无先验兴趣之时，教师需借助有魅力的文本情境以激发学生的兴趣。尽管教材内容固定，但呈现策略应富于变化，教师可巧妙运用现代信息技术，将单调的教学材料转化为引人入胜的教学体验，从而唤醒学生的学习热情。此外，教学开场时设置悬念亦能生趣，例如，教师可设计智力谜题，将课程主题编织成谜，通过解谜活动激发学生对新知识的好奇心。揭示数学中的美学元素也可增强兴趣，教授数学定理、公式或符号时，可强调其简洁之美；数学之美不仅在于抽象的图形和计算，也存在于现实世界的具体事物中，如黄金比例在故宫、金字塔等建筑中的体现，彰显出和谐之美，利用数学的内在魅力吸引学生。综上所述，情境兴趣的激发主要依赖外部刺激，为教师指引了培养学生兴趣的策略，然而，这一阶段的兴趣状态并不稳固。

2. 强化自主参与，维持情境兴趣

此阶段的学生兴趣呈现出相较于前期的持久性特征，他们的注意力在特定时段内能较为集中。单凭文本刺激已无法满足需求，学生从对事物表面趣味性的追求，转向了亲身参与的渴望。因此，教学策略应以学生为中心，强调其主体地位，创造条件让学生有自我展现的空间，使他们深度融入课堂，扮演起“学习主体”的角色。这一时期是关键，情境兴趣正转化为个人兴趣，而情境兴趣的持久保持是催生个人兴趣的重要基础。学生的课堂参与度越高，其主体性的体现就越鲜明，情境兴趣也得以更好地维系和发展。

3. 提供外部支持，形成个体兴趣

此阶段，学生倾向于对学习材料持续探究，然而面对困惑时，外部干预显得至关重要，它协助学生逐步克服挑战，进而塑造持久的学习兴趣。同伴的支持在此过程中起到积极作用，健康的同伴互动能激发学生的学习兴趣，通过互助行为，求助者感受到同伴的友善，成功解决问题后，促进知识与情感的积淀，这些积淀巩固了学生对数学学习的内在动机。同时，教师和家长的支援也不可或缺，他们依据学生的认知基础提供解题策略，助力学生突破障碍，并以肯定的方式回应学生的成就，这种及时的认可强化了学生的自尊感和成就感，有助于兴趣的稳固发展。

4. 实现自我升华，完善个体兴趣

兴趣的成熟阶段标志着学生在认知和情感维度的深度提升，此阶段他们的兴趣状态呈现出极高的稳定性和内化特质。教育者在此时应推动学生从外部评价向内部评价的转变，鼓励他们超越单纯的成绩追求，深刻领悟数学的本质价值。相较于前期，学生在此阶段的知识底蕴更为深厚，探索欲望更为强烈，因此可设计富有挑战性的学习任务以巩固并深化其学习兴趣，进而增强他们的自我效能体验。在情感层面上，学生展现出对数学的热忱与认同，开始孕育自我价值实现的意识。此时，教师和家长适时地培养学生的多元兴趣，促进兴趣的拓展和迁移，显得尤为重要。

四阶段兴趣发展模式阐述了兴趣从萌芽至成熟的演进路径，为学习兴趣的培育提供了理论依据，提升了实践操作的效能，有助于深入剖析学生学习兴趣的演变历程。数学学习兴趣的塑造是个体认知与情感互动的过程，故此，教师与家长均需顺应兴趣发展的本质规律，积极引导学生情感在数学学习中的动态发展，创造条件让学生体验到积极的学习情境和兴趣状态，进而促使这种暂时的兴趣转化为稳固而持久的个人兴趣①，以此维系和增强学生对数学学习的持久情感投入。

三、转变学生学习态度，提升学生学习情感

学习态度对学生的学习历程及成果发挥着决定性作用。正面的学习态度能激发学生的学习热忱与动力，增强其专注力和毅力，同时对塑造他们的良好学习习惯起到促进作用，从而在学业上获得佳绩。在情感层面上，学习态度体现为学习者在学习过程中内心的情感反应；在认知层面上，则表现为他们在学习活动中的具体行为表现。因此，改善学生的学习态度需兼顾外在行为干预与内在心理建设，这是教育从业者和家长共同面临的挑战与职责。

（一）养成良好学习习惯，提高学习效率

首先在于强化规章制度的构建。学生的持久行为模式往往受规范制度引导，因此塑造良好学习习惯的前提是设立一套明确且可执行的日常准则，使学生清晰了解在课前、课中及课后的行为规范和实施方法。比如，课前预习，预先构建知识框架，课堂上积极参与思考并恪守纪律，课后自主完成作业并适时复习。为了确保规章制度在学习全程的贯彻，教师与家长可以共同制定“学习协议”，通过奖励遵规者和适度惩罚违规者来激励学生。此外，采用自我评估或同伴互评的方法，让学生识别并记录自身存在的不良学习习惯，定期进行自我反省或接受他人评价，如此持续下去，良好的学习习惯将逐渐形成，学习效率随之提高，从而激发学生对数学学习更积极主动的态度，丰富其学习情感。

其次，实施强化训练至关重要。学习习惯的稳固塑造要求学生对规范行为进行持续的实践，一旦确立了学习规则，便需坚定不移地执行。在持久践行的过程中，不断强化这些行为，以塑造持久的学习模式，故强化成为养成学习习惯不可或缺的因素。当观察到学生展现出优良的学习习惯时，外部强化如表扬与批评、奖励与惩罚等可适时运用。同时，应鼓励学生进行内部强化，如自我反思和自我调控，以增强内在动力。鉴于中年级学生的自我控制能力相对较弱，外部强化更为适宜；而高年级学生则宜采用内外部强化相辅相成的策略。外部强化在达到一定阈值后，应及时转为内部强化，以确保学习习惯的有效维持和发展。

个体间的差异性是教育工作不可或缺的关注点，因为学生的认知方式、人格特质及性格特征各具特色，相应地，他们的学习习惯也呈现多样性。因此，在塑造学生的学习习惯过程中，不宜采取统一封闭的方法，而应灵活适应每个学生的独特需求。例如，在设定作业任务时，考虑到学生的个别差异，应设计不同难度和数量的任务，以迎合各种需求，以免能力稍弱的学生因无法达标而受挫，或者能力较强的学生因缺乏挑战而感到不满，这两者均可能阻碍良好学习习惯的形成。故此，教师需对不同层次的学生制定相应的目标，对

① 吴洪艳．浅谈学习兴趣及其培养对策［J］．教育探索，2016（8）：46-49.

于尚在发展初期的学生，不应施加过重的压力，而应通过微小的进步激发他们成功的喜悦，以此增强其学习的情感投入；对于已经具备较高能力的学生，则应设置更具挑战性且适切的目标，以促进其潜能的充分发展。

家校协作被视为教育不可或缺的一环，共同致力于学生的全面发展。鉴于学校与家庭在学生成长中的核心地位，亟须建立以学校为引领、以家庭为支撑的教育体系，倡导多维度的育人模式，以此助推学生形成稳定有效的学习习惯。教师可借助多种途径与家长保持紧密互动，构建家校一体的教育格局，共同探索培养学习习惯的有效途径。家长的教养方式对塑造学生的学习习惯起到关键作用，部分家长过度关注学业成绩，却忽略了低年级阶段培养良好学习习惯的重要性，而另一些家长的放任自流态度也可能催生学生的学习障碍。因此，家长需审视并调整教育策略，既要对孩子提出合理要求，也要自我约束，尊重孩子的个性，遵循成长规律，避免施加过犹不及的压力。同时，营造一个积极向上的学习环境和和睦的家庭气氛至关重要，家长自身的行为将无声地影响孩子，助力他们在日常生活中逐渐形成优良的学习习惯。

（二）培养学生注意品质，提高教学效率

注意现象体现为心理活动对特定对象的聚焦与定向，在学习场景中具体表现为聚精会神地听讲、主动思考以及抵抗分心。当学生在课堂上能保持专注并积极参与，其学习成效往往显著，进而塑造正面的情感反应。然而，若学习过程受到外部因素打扰，不仅会阻碍知识的吸收，还可能导致负面情绪体验。鉴于此，培养优良的注意能力对于增进学习情感至关重要。实际观察显示，不论处于哪个学习阶段的学生，都可能遇到上课注意力分散、思绪飘移的问题，且难以迅速自我纠正。因此，教师在教学实践中需密切关注学生的注意力状态，以便实施有针对性的教学策略，以期提升教学效能。

清晰的学习目标与任务设定是培育注意力的基础。教师在授课之初需阐明本节课的核心内容，揭示学习这些知识的原因，展示其在日常生活中的实际应用，并预告可能遇到的教学难点，如此一来，学生在知晓学习重点后，自然会在课堂中自发地聚焦注意力，进而提高听课质量。显而易见，明确的学习目标能够催生强烈的动力，促使注意力更为凝聚且持久。在引入新课时，教师可运用悬念策略，激发学生的探索欲望，促进他们主动思考，以维系注意力的集中。教学节奏的恰当把握是维持注意力的关键，过快的进度可能导致学生因理解困难而分心，而过慢则可能让学生感到轻松过度，产生注意力的游离。因此，教师应根据知识的复杂性灵活调控教学速度，对难点部分适当放慢节奏，强调注意力的集中，而对于较易掌握的部分，则可适度加快，这样既能保持学生的注意力，也有利于减轻学习压力，最终实现教学相长的效果。

幼龄学生往往对新奇事物持有浓厚兴趣，故教育者宜采取创新教法以激发其学习热情。借助多媒体工具，可引入富于生动性和趣味性的教学素材，营造轻松愉悦的学习环境，进而诱发学生乐于学习、主动求知的心态。在教学过程中，应充分发挥多媒体的多元感官刺激，将静态知识动态化，复杂概念简单化，以维系学生的注意力，从而提高教学质量。同时，通过调动学生的视觉、触觉、听觉及思维等多感官参与，可促进其专注力的提

升，实现“看、做、说、思”四者的统一，强化记忆效果。鉴于学生的注意力集中时间通常约为25分钟，临近课程结束时，教师需对所授内容进行精练回顾，以巩固学生的学习成果，加深印象，再度凝聚学生的注意力，进一步优化教学成效。

四、培养学生自我概念，内化学生学习情感

自我认知可被视为个体对自身的总体评价，其积极层面涵盖了对自我价值的认同以及对自身与周围环境、学习经历相互作用的理解。青少年阶段是自我认知构建的关键期，此时期个体极易受内外部因素的深刻影响，这些影响涵盖社交互动、自信塑造等多个维度，进而波及他们对学习成效的认知。鉴于此，强化自我认知的引导与教育显得至关重要，旨在培育学生的积极自我观念，以助推其全面发展和健康成长。为实现这一目标，可从如下几个策略切入。

（一）注重榜样示范，增进学生社会性

在儿童社会性发展核心环节中，自我概念的建构占据重要地位①。教育本质上乃师生及同伴间互动交流的动态过程，传统观念常将学生间的交互视为负面因素，认为其对良好学习成效贡献有限。然而，教师的所有课堂教学活动实则嵌套于生生关系之中，这种同龄人间的联系强度超越其他任何元素。遗憾的是，同伴间的互动作用常常未得到应有的重视。实际上，儿童在与同伴的社会交互中，奠定了他们身心成长和社会化的坚实基础。

学习模式多元，涵盖自发性探索与他者影响下的习得。班杜拉的社会学习理论揭示了“模仿学习”的核心，即个体在教育情境中通过观察他人行为及其结果，进而效仿这一动态过程。在校园环境中，同伴成为学生最频繁互动的社会群体，对他们的学习产生显著影响，有时甚至成为激发学习积极性的关键因素。鉴于部分学生年幼，其学习行为易受模仿驱动，故教师和家长可顺势引导，树立正面典范，促进同龄人间的互动，以巩固社会联系。为了深化情感沟通，增强社会交往能力，教师可设立数学学习合作小组，为学生间的交流搭建平台。在小组讨论的互动氛围和榜样引领下，学生对比自我与他人的差距，自然会萌生向优秀同学学习的愿望，从而内化学习动力，进一步加强同伴间的社会互动。

（二）丰富情感体验，增强学生自信心

学生的自信心，作为一种至关重要的非智力因素，始终渗透并形塑着他们的学习行为。当个体自信心匮乏时，面对挑战往往表现出怯懦，思维活动亦受限。那些鲜有成功经历、自信薄弱的学生，在学习过程中常常滋生恐惧情绪，对自己的能力产生疑问。一旦遭遇困难或高难度任务，他们倾向于逃避或选择放弃。鉴于此，培养学生的自信心至关重要，需自小着手，通过增加成功体验，以优化其学习情感，提升应对挑战的能力。

首先，正面的反馈可有效满足学生的成就需求，提振其自尊心。学生的内心期许获得教师及同伴的赞誉，心理学研究证实，当个体接收到教师或权威人士的正面评价，会催生愉快的情绪反应，进而巩固学习自信，对塑造积极的学习情感起到促进作用。因此，教育

① 金盛华. 自我概念及其发展［J］. 北京师范大学学报（社会科学版），1996（1）：30-36.

者需掌握激发学生持续努力学习的艺术，在评价过程中以赞赏为视角审视学生成长，避免削弱其学习积极性，充分运用并发挥罗森塔尔效应的正面影响。

其次，应当致力于构建学生的数学学习成功经历，以培育其自信心。成功的感觉能激发学生自我认同，进而催生积极的学习态度。为此，教师与家长宜实事求是地协助学生设定适宜的学习目标。若目标设定过高，学生尽管竭力却无法达成，可能导致自信受挫；反之，目标过于简单，则可能剥夺学生克服挑战后的成就感，同样可能引起消极情绪。因此，设定目标应遵循学生的“最近发展区”理论，即以学生当前能力为基础，设定他们通过努力可以攻克的任务，使他们在解决问题的过程中体验到成就感，从而坚定自我效能感。

最后，应当注重对学生开展适当的归因教育，以巩固其自信心。在面对成功或失败的经历时，教育者需协助学生深入剖析结果背后的动因，提倡将原因归结为内在的、可自我调控的因素，而非单纯依赖外部的、不可预测的运气等要素。值得注意的是，我们不应一味强调“唯有努力才能成功”的绝对观念，以免造成学生对自身能力的误判。相反，应当引导他们既准确评估自身的潜能，又充分理解努力在实现成功过程中不可或缺的地位①。

（三）更新学习观念，认同学习拓展性

传统教育视角往往聚焦于学生获取的知识成果，然而随着学习理论的深化，我们开始洞察到学习过程的多元影响。学习数学，不再仅仅是知识积累的过程，而是揭示了一种“多米诺骨牌效应”，它激发了学生的思维发展，促进良好学习习惯的养成。作为一门强调逻辑严谨性的学科，数学训练有助于塑造学生的细心和专注，这种品质在数学学习中至关重要，且能跨越学科边界，渗透到日常生活的各个领域。因此，在教育实践中，应当有意识地揭示数学学习的价值和优势，推动学习策略、方法乃至习惯的有效迁移，以增进学生对数学的情感认同，进而提高整体学习效能。

---

① 李勇，阴国恩．论中学生自信心及其培养［J］．天津师范大学学报（社会科学版），2003（4）：73-76.

第四章　数学教学中的应用

第一节　GeoGebra 软件在数学教学中的应用

一、GeoGebra 软件概述

（一）GeoGebra 软件的起源与发展

GeoGebra，一款综合了几何学、代数学、表格处理、图形绘制及统计学和微积分的全方位动态数学工具，源于美国佛罗里达州亚特兰大的学术创新，由杰出的数学教育家 Markus Hohenwarter 教授及其指导的学生团队精心构思与开发。

自其初版 1.0 发布以来，GeoGebra 软件已迭代至 6.0 版本，其间其功能与用户体验逐步优化升级，从初期专注于二维图形绘制，扩展至涵盖三维图形的构建。语言支持也从最初的英语和德语，拓展至包括汉语在内的全球多语种环境。此外，该软件不仅限于桌面应用，还适应了平板电脑和智能手机的移动平台，提供免费、开源、在线及跨平台使用的多重优势。这些特性使其深受教育界师生的青睐，并荣获多项教育领域的重要奖项。

GeoGebra 的在线平台汇聚了逾百万份多语种免费教学素材，这些资源可在 GeoGebra Classroom 这一协作环境中共享。借助该平台，教师能够即时跟踪学生的学习进展，同时，师生之间能够通过集成的交互式数学工具展开即时交流，促进理解与互动。

（二）GeoGebra 软件的特点

GeoGebra 是一款动态、开源的教学软件，是一款十分有用的辅助教学软件，它能够快速实现图形绘制，统计功能及代数演算等教学措施。正是由于其功能强大、使用简单和交互性强的特点，能够在数学的教学工作中发挥巨大的助力作用。因此在数学教学中，合理运用 GeoGebra 软件能够提高教学工作效率，学生将更容易理解和掌握数学知识，在教学中充分展示数学这门课程的内涵，并且学生能以趣味的方式观察和体验数学和科学；引导学生发现数学中的美，展现数学生动活泼的一面，提高数学教学质量，促进学生数学核心素养的发展。

1. 界面简洁，易于操作

GeoGebra 是一款跨平台的免费软件，其特点在于简洁易用的工具集，用户可通过直观的工具栏操作，命令行输入乃至编程脚本来实现功能。该软件独具动态数学环境，能够展现概念的多元表达形式。输出文件可选择多种格式保存和导出，包括 ggb、html 和 xml 等。

此外，它还支持图像嵌入，便于构建丰富的数学情境。尤为值得一提的是，GeoGebra 内建 LaTeX 支持，确保了公式的标准化录入。

2. 数形结合，功能强大

GeoGebra 这一名称融合了 Geometry 与 Algebra 的内涵，其使用体验深刻彰显了“数形结合”的理论精髓。该软件广泛涵盖了数学的多元领域，包括几何学、函数论、数列理论以及统计学，并进一步扩展至微积分和代数运算。在动态操作时，用户可利用多个视图窗口同步观察，随着参数的动态变化，图形的演变过程得以即时呈现。

3. 开源免费，资源共享

集成自动证明机制的特性，该软件极大地促进了教师的教学辅助及学生的自主学习。其多语言菜单和指令设计，已覆盖超过 60 种语言，确保全球用户都能无障碍使用。此外，它还支持创建在线教学资源，如可独立运行于网站的动态工作表等互动型 Java 应用，进一步丰富了教学手段。秉持开放与协作的精神，该软件拥有一个活跃的国际用户网络，提供丰富的教材资源及技术指导，并构建了 GeoGebra 平台，鼓励用户在此分享与交流各类教学素材。

4. 合作探究，师生互动

提倡 GeoGebra 在师徒共学中的应用，教师可借助 GeoGebra 展示教学原理，而学生则通过协作探究深化数学理解。此外，教师能运用 GeoGebra 的在线教室特性布置学习任务，分享教育资源与实践活动，促进双向交流。教师还具备监控学生学习进度和状态的能力，以便即时给予有针对性的辅导和支持，实现借助交互式工具的即时沟通。

（三）GeoGebra 软件与其他软件的对比

进入 21 世纪，信息技术的迅猛演进为数学教育领域带来了革新性的教学与学习策略，即借助信息技术来支持和促进数学的教学与自主学习。

在动态教学环境中，几何画板与网络画板广为人知。几何画板基于“画板”组件绘制几何形态，辅以“脚本”来阐述图形构建步骤，便于教师模拟传统尺规作图，其特性在于拖动图形元素时能保持预设的几何关系恒定。然而，数学教学实践中的诸多动态现象超出了尺规作图的范畴。因此，2002 年，由张景中院士领导的团队推出了高度智能化的“Z+Z”智能教育平台——超级画板。到了 2015 年，基于超级画板进一步发展出网络画板，实现了超级画板的网络化，用户只需通过浏览器访问网站即可利用其丰富的工具和资源，顺应了“互联网+”时代的资源共享需求。网络画板作为我国首例自主研发的多功能动态数学教学平台，兼顾多种教学角色。

目前，全球范围内已借助动态几何软件创设了众多的教学课件。在国内，几何动态教学软件尤以几何画板、网络画板以及 GeoGebra 最为人所熟知，其应用普及度亦最为广泛。

下面对几款软件进行对比，如表 4-1 所示。

表 4-1　几种软件的对比

软件	GeoGebra	几何画板	网络画板
简介	兼备几何、代数、概率与统计、微积分等功能，非常适合数学教学展示、学生自主探究、师生互动交流	适用于数学、平面几何、物理的矢量分析、作图、函数作图等教学平台，能够为老师和学生动态地展现几何对象的位置关系、运行变化规律	拥有先进动态几何技术、智能推理技术、符号运算、网络交互技术开发的第一款国内领先的移动互联网环境下的动态数学学科教学工具
优势	适用于不同操作系统如 Windows、Linux、Mac 等	动态性、形象性、易操作性	课件资源丰富
适用对象	所有人	对几何绘图非常熟悉的人群	制作课件的数学老师
使用方法	可以在手机、平板、电脑、网页使用，可以在线或离线使用；开源免费	要在电脑上进行安装，需要购买版权	可以在手机、平板、电脑、网页在线使用

二、GeoGebra 软件在数学教学中的应用

（一）数学中适用于 GeoGebra 辅助教学的内容选择标准

在数学教育的实践中，并非所有教学内容皆需 GeoGebra 软件的介入，其应用的核心目的在于缓解教师教学负担及学生学习压力，进而优化教与学的过程，深化学生对数学本质的认知与反思。鉴于此，教师有必要依据数学学科特性及教育理念，甄选出适宜 GeoGebra 辅助教学的具体内容，为此，我们提出了如下匹配标准。

1. 抽象度高，学生难以理解的内容

在数学教育中，常遭遇一些抽象概念，这些对于学生来说理解颇具挑战性。函数作为数学体系的核心组成部分，自始至终扮演着关键角色。然而，尽管函数的概念及特性，无论是全局还是局部，其形式表达简洁明了，却往往给学习者带来深奥难懂的印象，进一步影响到后续导数知识的掌握。

因此，教育工作者在数学教育实践中应致力于构建多元化的学习表征，通过各个角度丰富同一数学概念，以增进学生对抽象原理的具象认知。特别是在理解和探索函数本质及特性时，借助 GeoGebra 软件进行动态演示，使学生在观察变换过程中洞察恒定性与演变规律，能有效促进他们对函数概念及基本属性的深入理解。

在探索基本初等函数的本质特性及图形表现时，GeoGebra 软件被引入教学过程以增强理解。借助该软件，可以直观展现各类函数的增长模式和速率差异，通过在同一坐标系统内对比不同函数的图像。学生在教材指导下，运用 GeoGebra 深入探讨函数特性，例如揭示指数函数与对数函数之间的反函数关系。此外，利用其图形绘制工具描绘超越函数，或运用计算功能生成 x 与 y 的对应值表，有助于定位并分析函数零点所在的区间，从而深化

对数形结合思想的认知。进一步地，通过评估函数零点状况，可推断方程解的数量，同时体验使用二分法求解方程近似解的方法。

借助动态软件如 GeoGebra，学生可探索超越 0° 至 360° 界限的角，扩展对角的感知，以直观展现圆周运动的多样性，从而为后续三角函数的学习奠定基础。在三角函数的符号确定阶段，运用计算工具进行实证验证。在讲授诱导公式时，结合圆的中心对称性几何原理进行推导，并辅以 GeoGebra 的计算功能来验证任意角的三角函数值。至于三角函数图像的教学，通过 GeoGebra 演示单位圆上构建正弦函数图像的过程，不仅巩固了三角函数的概念，更使学生直观体验到正弦函数的周期特性，有效促进其对三角函数图像的认知和理解。

2. 结构复杂，难以直观感知的内容

初涉立体几何学习的学生往往难以在思维中构建起三维几何形态的本质特性。此时，引入实物模型辅助教学或利用信息技术动态展示空间几何体，对培育学生的空间概念至关重要。通过具象的直观手段，可引导他们逐步提炼并理解立体几何图形的结构特点。

GeoGebra 软件不仅可以绘制平面图形，还可以调用 3D 绘图区绘制立体图形。在立体几何中借助 GeoGebra 软件进行教学，使用 GeoGebra 软件工具绘制长方体，采用动态演示的方法，观察其结构特征，观察其点，线、平面位置关系：取长方体棱上一些特殊的点，把某些线段，截面联系起来，探讨它们和长方体之间的线线、线面关系；采用动态演示的方法，开展多角度观察，找出一些隐蔽的线、平面位置关系。

借助 GeoGebra 的三维绘图功能，可深入研究空间几何体如柱、锥、棱台和球体，通过其图形旋转特性，学生能从多元视角直观理解各类空间图形，从而在心中建立起坚实的几何直观，有利于提升学生的空间想象力。在平面解析几何的学习过程中，GeoGebra 软件能有效地揭示直线、圆以及圆锥曲线的本质属性。特别是在圆锥曲线的教学环节，它能简化学习复杂性，发掘更多特性，激发学生的学习热情。在解析几何教学实践中，该软件不仅简化了作图步骤，还能动态展示动点的运动规律，引导学生观察参数变化如何影响曲线的形态和尺寸，同时探索不同曲线间的相互关系。面对涉及复杂动态问题，如动点、动直线和动平面的问题，GeoGebra 的动态演示功能有助于探究特定位置下的特殊定理，进一步培养学生的数学洞察力。

3. 数据繁杂，难以实现的内容

在数学教育实践中，存在诸多非技术性的但至关重要的任务，这些任务恰恰可借力信息技术以减轻教师的教学负荷。GeoGebra 软件集几何、代数与统计特性于一体，其内置的表格视图能有效地实现数据的组织和管理，而概率统计器视图则提供了全面的分布和统计分析工具。尤为值得一提的是，该软件的表格与概率统计器之间具备联动机制，从而能够协同进行深入的数据分析。

在数学教育实践中，存在诸多非技术性的但至关重要的任务，这为信息技术的应用提供了契机，以期优化教师的教学负荷。GeoGebra 这一软件兼备几何、代数及统计学的特性，其内置的表格视图能有效地实现数据的管理和分析，而概率统计器视图则配备了全面的分布和统计工具。尤为值得一提的是，该软件的表格与概率统计器之间可实现联动操作，从而深入地对数据进行探究和解析。

4. 应用广泛，利于培养学生探究意识的内容

数学学科的特性在于其普适性，要求学习者不仅掌握理论，更需精通实践应用。这一实践层面主要体现在数学建模与探索性研究之中，其中数学建模往往涉及对大量数据的深度处理。因此，学生在选题初期即需广泛搜集素材，而现实世界的问题数据通常繁多且复杂，没有信息技术的支持，建模工作将面临重重困难。统计建模领域尤为明显，常规操作中，数据的分析与管理往往依赖专门的统计软件工具。

GeoGebra 软件在数学建模与探究实践中，构筑了一个互动平台，鼓励师生共同参与探索性实验，实现“动手学”的理念。在此过程中，学生不仅要牢固掌握基础理论与技能，还需领悟核心思想并积淀实践智慧。通过自我发现和提出问题，学生以问题驱动的方式深入剖析并解决，这样的经历有助于培育他们的探究精神和提升数学素养。

应用 GeoGebra 软件于函数模型构建时，可借助其生成大规模数据集的散点图，以此为依据挑选适宜的函数模型进行建模。特别是对于一元线性回归分析，该软件能用于展现两个变量间的依存关系，我们能够用它来绘制散点图，计算样本间的相关系数，确定经验回归方程，并进一步绘制残差图以检验模型的适用性。

（二）GeoGebra 软件在数学教学中的设计原则

在追求提高数学教育质量与教学效率的背景下，GeoGebra 软件被寄予厚望，以期能秉持以生为本的教育核心理念，以及践行立德树人的教育使命。因此，有效地整合 GeoGebra 软件于数学教学过程中，必须恪守相应的指导原则。

1. 辅助性原则

GeoGebra 软件在数学教育中的应用遵循辅助性原则，其核心理念在于，该软件的运用非终极目标，而是旨在深化学生对数学概念本质的认知。借助 GeoGebra，旨在优化教师的教学效能及提升学生的自主学习质量，而非单纯的形式应用。此工具应当契合学生的知识体系与认知发展，它在教学中的角色是辅助而非替代，确保学生的思考过程不受影响。

当学生初次遭遇涉及平面截割正方体以生成截面的抽象概念时，他们往往难以构想平面的切割方式以及截面的动态变化。此时，教师可运用 GeoGebra 软件构建三维模型进行动态展示，以增强学生的几何直觉并促进其空间想象力的提升。然而，在教学实践中，教师应谨慎防止学生过度依赖此类工具，避免他们在遇到类似问题时，缺乏独立思考和形象构建的能力，单纯依赖 GeoGebra 等软件寻求解决方案。

2. 主体性原则

主体性原则倡导教师在 GeoGebra 教学设计中，需深度揣摩学生的学习难点，预判可能遭遇的障碍，进而借助该软件创设互动性教具以协助学生化解问题。在数学教育场景中，教师扮演引导者的角色，而学生是学习的核心，他们应在教师的指导下逐步构建知识

体系。鉴于学生是课堂活动的主体，教师在运用 GeoGebra 时，应着力激发学生的参与热情，鼓励他们融入课堂，而非被动旁观。因此，教师在借助 GeoGebra 辅助教学时，须具备更高的课堂调控能力，保持适宜的教学节奏与氛围，防止课堂过于寂静或喧闹，确保教学实质超越形式。

借助 GeoGebra 软件充分贯彻主体性教育理念，可有效提振学生对数学学习的兴致与热忱，从而推动其积极参与数学教学活动。

3. 促进学生数学学科核心素养发展原则

数学学科核心素养表现为具备数学特性的思维素质、关键技能以及情感、态度与价值观的融合体现①。在教育教学实践中，尤其是数学教育，首要目标在于立德树人，而这一崇高目标的实质性体现即提升学生的数学学科核心素养②。因此，运用 GeoGebra 软件进行辅助教学时，应始终秉持推动学生核心素养发展的理念。通过 GeoGebra，将函数的概念和特性具象化展示，有助于培育学生的数学抽象素养；借助其进行数据统计和分析，能有效促进数据分析素养的形成；利用其展现几何图形，可增进学生的直观想象能力；而在数学建模和探索活动中运用 GeoGebra，能够锻炼学生的逻辑推理和数学建模的核心素养。

（三）GeoGebra 软件在数学教学中的应用优势

1. 有利于发展学生的数学思维

数学可视化教育策略能有效补偿常规数学教学的局限性。教学材料通常承载丰富的数学概念与推理方法，如转化原理、极限理论及数形结合思想。GeoGebra 软件以其丰富的几何构造和灵活的工具切换功能，凸显其在这一领域的实用性，加之其强大的文本处理能力，使其成为一种有效的分析辅助工具。借助 GeoGebra 实现的数学思想可视化，可以清晰展示数学知识的构建过程，从而促进学生对数学本质的深层理解，进一步提升他们的数学思维素质。

2. 有利于提升学生的主体地位

借助 GeoGebra 软件，数学思维的可视化教学得以提升至更高层次，进而激发学生的学习热情与课堂互动性，促进小组间的深度探讨和自发质疑行为。这一过程中，教师的角色转变，由传统的知识传授者转变为问题引导者，实施更具针对性的教学策略。

借助 GeoGebra 软件，教师得以构建更加聚焦学生的实践活动，从而拓宽了课堂交互模式，强化了教师与学生、学生与学生间的沟通合作。这一举措显著推动了学生的深度学习进程，激发了他们对数学知识探索的热情③。

3. 有利于丰富课堂的教学资源

GeoGebra 平台上的数学思维可视化教育模式革新了传统的讲授模式，教师得以运用可

---

① 仁子朝，陈昂，赵轩．数学核心素养评价研究［J］．课程·教材·教法，2018，38（5）：116-121.

② 罗增儒．以素养教学为导向的课堂研修（续）：在“第五届全国初中数学名师创新型课堂研修会”上的发言［J］．中学数学教学参考，2019，742（8）：6-10.

③ 刘健康．GeoGebra 软件与高中数学教学融合的探索［J］．数学之友，2023，37（2）：65-67.

视化工具实施教学，从而积极推动数学信息化课堂的构建与进步。

GeoGebra 平台在中学数学教育中推动了思维可视化的动态演示，有效地揭示了数学概念的演变和生成过程，以直观且生动的形式呈现抽象的数学思想与推理步骤。教师可利用 GeoGebra 的动态特性，鼓励学生通过“图形语言”进行表达，使他们在亲身体验中把握知识的核心，从而提升其探索与创新的能力，为构建以技术为支撑的学习型数学课堂提供了有价值的参考①。

三、GeoGebra 在数学教学中的辅助应用——以函数、极限和连续为例

（一）函数概念的可视化

在数学教育的函数部分，面对的主要困难是学生对诸如定义域、值域及自变量与函数间的映射关系等抽象概念的理解不足，这常导致他们的困惑和学习障碍。GeoGebra 作为一种高效的数学可视化工具，其突出特性在于能够便捷地绘制线性、二次、三角等多种函数图形。此外，该软件还支持用户实时改变函数参数，以此揭示函数在不同定义域下的行为变化，为复杂的函数理论提供了动态的视觉解释。因此，GeoGebra 在教学实践中被广泛应用，教师借助其交互功能进行实例演示，有助于学生直观掌握函数图像随参数变动的规律。

（二）极限概念的动态模拟

在高级数学的范畴内，极限作为基础概念，刻画了函数在特定点的局部行为以及自变量趋近特定值或无限时函数值的演变趋势。尽管如此，这一概念因其涉及的无穷小与无穷大思想，对众多学习者构成了抽象且挑战性的理解障碍，这些理念在日常经验中并不易直观感知。为促进学生对极限的深入理解和有效掌握，教育工作者可借助 GeoGebra 的动态可视化工具，该软件能绘制函数图形、解方程与不等式，以及模拟动态数学情境。以函数 $y=1/x$ 为例，其在 x 趋近无穷大时的极限为 0，此现象可能引发学生的困惑：“为何 x 极度增大时，y 会趋近于 0?”此时，教师可运用 GeoGebra 进行直观演示：设置 x 值逐步增大，同步监测对应的 y 值变化。从 x 等于 1 开始，随着 x 的递增，y 值会持续减小，无限接近但永不达到 0。通过 GeoGebra 的动态展示，学生能直观见证这一逼近过程，从而深化对极限概念的理解，习得求解极限的技巧，进而提升数学学习成效。此外，这种创新教学法亦能彰显数学的魅力与实用性，激发学生对数学世界探索的兴趣。

（三）连续性的直观理解

在审视函数图形的过程中，学生能够直觉地察觉到函数在连续点的图像表现为无缝衔接的曲线，其形态平滑过渡，无任何突跳或断裂现象。连续性，作为函数的本质属性，对于初学者常常显得抽象且难以把握。然而，若教育者能采用具象且引人入胜的教学方法揭示这一概念，无疑将极大地促进学生对它的理解和实践运用。GeoGebra 软件在此扮演了重

① 火扬蔺，何丽萍．GeoGebra 软件与高中数学教学融合：构建可视化高效课堂［J］．数学之友，2023，37（2）：74-76.

要的角色，它为教师提供了一个便利的平台。通过 GeoGebra，教师可方便地构建分段函数或含有断点的函数图形。在具体操作中，教师可以设计一个如所示的简单分段函数，并实时演示其图像变化。随着 x 值的动态调整，学生能明显观察到在 x 等于 0 的瞬间，函数图像从下部的抛物线轨迹跃变至上方的直线部分，这正是函数间断点的直观体现。

四、GeoGebra 软件在数学教学中的应用策略

（一）抽象知识可视化表达

数学教育中存在诸多需要深度理解的概念，学生对基础图形知识的不足可能导致理解误区和运算错误。然而，通过整合 GeoGebra 软件的动态演示特性，教师可引导学生细致观察图形，促进课堂沟通，从而有效增强教学效果并锻炼学生的逻辑推理能力。GeoGebra 允许教师在构建图形的过程中灵活选用几何或代数方法，借助其丰富的指令集，为阐明数学原理和概念提供直观的视觉支持，使教学过程更富效率与科学性，有助于构建系统的图像关联，进而增强学生的数学综合思维。此外，该软件的计算模块适用于因式分解、微积分等运算，绘图工具覆盖了多种几何形状，而命令输入区则确保了操作的灵活性，以适应不同的教学需求。这种将抽象概念具象化展示的方式能激发学生的学习热情，使他们于 GeoGebra 的操作中领略数学之美，有利于培养创新精神，巩固学生的数学核心素养。

GeoGebra 软件不仅能够作为课堂教学的辅助性工具，还可以成为学生自主学习的良好平台。例如，在课下，教师可以让学生使用 GeoGebra 软件，根据自己的猜想进行操作，实现从猜想、操作、推理以及最终验证的研究闭环，这对于增强学生的创新意识、促进学生形成科学思想具有重要意义。可视化思维工具能够帮助教师解决以往教学中存在的抽象性强、知识难度大、讲解效果不佳等问题，有利于帮助学生掌握知识，增强学生的思维能力。

（二）知识的动态生成

数学教育涵盖广泛的学科内容，然而教师在有限的课堂教学时间内需高效传授知识。传统教学方法如现场绘图或课件展示虽能呈现清晰的图形，却存在一定的局限性：课件难以体现图形动态生成的过程，现场绘图则消耗大量时间，影响教学节奏。GeoGebra 软件的出现为此提供了解决方案，其快速绘制和灵活调整图形的功能有助于揭示数学知识的构建过程。软件的易用性不仅方便教师操作，也降低了学生参与绘图活动的门槛，进而促进师生与生生之间的互动，提高解题效率。以指数函数中底数变化的影响为例，以往教学常依赖教材和 PPT，学生虽能借助静态图像学习，但因缺少动态绘图体验，理解深度受限。利用 GeoGebra，教师可直观展现图像演变，配以开放式问题引导学生主动探索和验证，从而提高备课和授课效率。此外，软件内置的教学资源库支持资源的个性化整合，有助于实现教学效果的优化和教学双方的共同成长。

（三）模拟生活中的问题解决场景

数学原理的应用广泛，然而传统教学模式往往难以将数学知识有效地融入现实生活，

从而限制了学生数学能力与思维的发展。借助 GeoGebra 软件，教师可构建生动的实际情境，以展示数学原理，进而促进学生对各科学知识理解的深化和实践运用。以三角形教学为例，教师可设定月球与地球间的距离为教学情境，利用软件的绘图工具辅助，引导学生运用现有数据进行问题解决。此外，软件的直观性功能有助于创建与生活紧密相关的教学环境，提高学生的课堂参与度，使他们能更深刻领悟数学学习的价值，激发主动学习的热情。在抛物线的教学过程中，教师可指导学生先用 GeoGebra 软件根据固定点 f 和直线 l 作图；随后在直线 l 上选取任意一点 d；继而绘制经过 d 且垂直于 l 的线段 m；最后，连接 d 和 f，找出 df 的中垂线，这条中垂线与 m 的交点即 p。教师可借助软件动态演示点 p 的移动轨迹及其特性，以此揭示抛物线的概念。在图形构造过程中，教师需引导学生重点关注点 p 的运动轨迹及其形成的图形，并在改变不同条件时，观察这些变化如何影响点 p 的轨迹，以增强学生的动态思考。通过 GeoGebra 软件的动态操作，如拖动点 p 显示其轨迹，能使学生直观感知抛物线的运动规律，有效促进知识的内化，进而提高教学质量。

（四）促进学生的个性化学习

在数学教育实践中，GeoGebra 软件的运用应当注重策略性和创新性，以揭示其在教学过程中的潜在价值。这可能涉及整合 GeoGebra 与多媒体工具，以提升其教学表现力，或者通过与互联网技术的深度融合，构建有利于学生深度学习的环境。在教学实施时，教师可从预备、实施和巩固三个阶段入手，秉持个性化教学原则，体现素质教育的核心理念。具体操作上，教师可依据教学主题设计引人入胜的习题，激发学生的主动参与，从而优化学习成效。另外，鼓励学生以小组形式参与探索性实践活动，结合数学原理进行竞技，这不仅能够拓宽学生的知识视野，也有助于稳固他们的基础知识架构。

五、GeoGebra 软件在数学教学中的应用反思

（一）教师要加强对 GeoGebra 软件的认知与应用

在数学教育领域，教师应当深度洞察信息技术对增强教学效果的潜在影响，特别是 GeoGebra 软件的运用。相较于其他数学教学工具，GeoGebra 显示出其优越的易用性和多功能性，使得教与学双方都能迅速掌握并自如运用。因此，教师有责任提升自身的信息技术素养，积极探索 GeoGebra 的创新应用，以便在课堂上有效地展示数学知识的构建过程。借助 GeoGebra，可以将复杂抽象的概念转化为生动直观的图像，从而最大化地释放该软件在教学中的价值。

（二）教师要加深认识技术与知识的融合可行性

在当前的教育信息化浪潮中，数学教师对于信息技术的理解亟须深化，广泛汲取精华。首先，在教学设计与实施过程中，教师应积极探索教材内涵，结合传统教育资源，巧妙运用多媒体计算机等先进教学工具，实现传统与现代的教育资源互补，构建起多元立体的教学资料库，从而有力支撑高品质的数学课堂。其次，教师应树立主体意识，认同技术与知识的融合潜力，始终坚持以学生为中心，巧妙整合教科书、视听素材和软件资源；借

助互联网拓宽教学内容，开阔学生的知识视界，将技术手段定位为教学服务的有力工具，持续提高教学效率。最后，教师需强化应用意识，从单纯关注知识运用转向重视学习策略，从对工具的关注转向对资源的利用，从单一技术应用扩展到多种技术的集成应用，不断提升自身的综合素质和实践能力，以此驱动课堂教学的质量与效能提高。

（三）教师要为学生的自主学习提供更多的机会

在实施 GeoGebra 教学过程中，应强调学生的中心角色，设计丰富的实践活动，以激发学生的参与热情，使他们能深入参与知识的探索。同时，教师需巧妙融合 GeoGebra 软件与传统授课，以此唤醒学生的求知热情和探究精神，从而实现新课改所倡导的教学理念。

第二节　Matlab 软件在数学教学中的应用

一、Matlab 软件概述

（一）Matlab 软件的概念

美国 MathWorks 公司推出的 Matlab 是一款综合性的商业数学软件，其核心组成部分包括 Matlab 和 Simulink。Matlab，全称为“矩阵实验室”，是专为高技术计算、交互式编程及可视化设计而构建的科学计算平台。该软件在科研和数值计算领域展现出显著的便捷性，并被广泛采纳于工程计算、控制系统设计、信号与通信处理、图像处理以及模型建立与分析等多个专业领域。最新版本的 Matlab 优化了图形用户界面，具备实用、高效、技术先进和高度可视化的特性，因而能够满足各类具有特定需求的用户。Matlab 的关键优势在于其强大的数值与符号计算能力，以及全面的图形处理功能和用户友好的界面设计。

（二）Matlab 的基本功能

1. Matlab 数值计算

（1）Matlab 的数据类型

①变量。在构建模型的过程中，关于变量的处理具有灵活性。在 Matlab 环境中，输入变量时无须预设其数据类型或进行前期声明，系统会依据执行的命令及赋予变量的值，自动识别并确定变量所属的类型。

②常量。Matlab 中常用的量如表 4-2 所示。

表 4-2　Matlab 常用预定义的特殊的量

特殊的量	含义
i，j	虚数单位
pi	圆周率
Realmin	最小的正浮点数

续表

特殊的量	含义
Realmax	最大的浮点数
Inf	无穷大
eps	浮点运算的相对精度

③数字变量。

④字符序列。在 Matlab 环境中，字符串的表示通常采用单引号，内含的各个字符构成字符数组，此数组等价于所述字符串。

⑤矩阵。在 Matlab 的数据处理核心，矩阵扮演着基础角色，支持丰富的运算操作。

⑥元组变量。此类变量表现为数组形式，其各个成分可承载不同类型的值。在 Matlab 环境中，以大括号括起元素并以逗号分隔来输入元组，允许直接对其中的元素进行赋值操作。

⑦结构型变量。作为一种特殊的数组，其构成元素同样具备任意类型，然而，其变量传递机制基于指针，这使它能有效地存储复杂的数据序列，类比于数据库中的记录结构。在 Matlab 环境中，可通过指针运算符“.”来连接属性名与结构体变量名进行操作，或者采用内置函数直接进行定义。

（2）向量

①向量的生成。向量的生成分为以下几种，如表 4-3 所示。

表 4-3　向量类型

类型	格式
直接输入向量	用“[ ]”括起来，各个元素之间用逗号、空格或分号隔开
冒号表达式	$x=x_1:step:x_2$。例：a=1：2：12，a=1 3 5 7 9 11
线性等分向量	y=linspace（x_1，x_2，n），生成 n 维行向量
对数等分向量	y=logspace（x_1，x_2，n），生成 n 维对数等分向量

②向量的基本运算。与数的运算、点积、叉积及混合积。

（3）矩阵

在运用 Matlab 软件进行矩阵录入时，需采用特定符号“[ ]”作为矩阵的界定标志。当矩阵内的元素处于同一行内，各元素间应以逗号进行分隔；如若元素分布于不同行，可借助分号或空格来标识行间的间隔。

例：a= [1 2 3 ；2 3 4 ；3 4 5]，b= [1 1 1 ；2 2 2 ；3 3 3]。

①矩阵的基本数学运算。

加减运算：c=a+b；c=a-b。

乘法运算：c=a * b。

除法运算：左除“\”，右除“/”。

与常数的运算：矩阵的各个元素与常数之间的运算。

②常用特殊矩阵。常用特殊矩阵如表 4-4 所示。

表 4-4　Matlab 软件中常用特殊矩阵

特殊矩阵	定义
空矩阵	定义为 [ ]
单位矩阵	eye（m，n）；eye（m）
零矩阵	zeros（m，n）；
一矩阵	zeros（m）
随机矩阵	ones（m，n）；ones（m）

（4）数组运算

①基础的数组操作涉及对等元素间的矩阵运算，如元素级乘法“.＊”及元素级除法“./”。

②与常数之间的运算。与矩阵运算一致，加不加“.”都可以。

③幂运算。用“.^”表示幂运算。

④函数运算。通用形式为：funname（A）。

⑤逻辑运算。基本逻辑运算如表 4-5 所示。

表 4-5　Matlab 基本逻辑运算

基本逻辑符号	含义
= =	等于 eq
~ =	不等于 ne
<	小于 lt
>	大于 gt
<=	小于等于 le
>=	大于等于 ge

（5）多项式运算

①在 Matlab 环境中构建多项式时，其默认处理方式是依据输入序列的元素顺序，由高次至低次排列各项。

例：P= [1 -5 0 6 -33]；

Poly2sym（P）

ans=x^4-5&x^3+6＊x-33

②多项式运算。

求多项式的根：调用 roots 函数。

多项式的乘数法运算：调用 conv 等函数。

多项式的微分：调用 polyder 函数。

多项式的拟合：调用 polyfit 函数。

2. Matlab 符号运算

（1）符号表达式的生成

①创建符号函数。例：f=’ log（x）’。

②创建符号方程。例：equation=’ a * x^2+b * x+c’。

③创建符号微分方程。

④用 syms 命令创建符号函数。

（2）符号矩阵的运算

符号矩阵的运算如表 4-6 所示。

表 4-6　符号矩阵的运算

符号矩阵的运算	格式
符号矩阵的生成	调用 sym 函数
符号矩阵的四则运算	加（+）、减（-）、乘（*）、除（\）
符号矩阵的转置	a’
符号矩阵的逆运算	调用 inv 函数
符号矩阵的秩	调用 rank 函数
符号矩阵的幂运算	a^2
符号矩阵的指数运算	调用 exp 函数

①符号极限：limit 函数，limit（F，x，a）。

②符号积分：int 函数。

③符号微分和差分：diff 函数。

3. Matlab 图形处理

（1）二维图形基本绘图命令常用函数：polt 函数。

①当 polt 函数仅有一个输出变量 polt（Y），绘图时纵坐标为 Y、横坐标为以 Y 的索引坐标。

②当 polt 函数有两个输出变量 polt（X，Y），在绘图时，输入的首个变量为横坐标、第二个为纵坐标。

③当 polt 函数有三个输出变量 polt（X，Y，s），s 即图形的实行设置，Matlab 常用图形属性如表 4-7 所示。

表 4-7　Matlab 常用图形属性

符号	含义
—	实线
:	点线
—.	点划线
——	虚线

续表

符号	含义
r	红色
g	绿色
b	蓝色
*	星号
b	菱形

④常用二维特殊图形。

绘制条形图：bar 函数。

绘制饼图：pie 函数。

绘制直方图：hist 函数。

函数图绘制：fpolt 函数。

（2）三维图形基本绘图命令

①polt3 函数。其命令格式与上述二维函数一致。

②网格函数：[X，Y] =meshgrid（x，y）

③着色函数：surf（X，Y，Z）

④三维等高线：contour3 函数。

（3）图形处理技术

①图形的标注。

坐标轴标注：以横坐标为例：xlabel（‘标注’，‘属性 1’，属性值 1……）。

文本标注：text（x，y,’要标记的文本’）。

②图形的保持与子图。

图形的保持：hold on、hold off。

子图：subplot（m，n，p）

③常用的颜色映像。

Matlab 常用颜色映像如表 4-8 所示。

表 4-8 Matlab 常用颜色映像

指令	含义
autumn	红黄色系
bone	蓝色灰系
hsv	红色调饱和色系
gray	线性灰色色系
winter	蓝绿色系

二、Matlab 软件在数学教学中应用的重要性及可行性

（一）Matlab 软件在数学教学中应用的重要性

在数学教育实践中，有效地整合 Matlab 软件是至关重要的。首先，该软件的集成应用能够构建一个全面的数学知识库，涵盖各个数学概念。其次，Matlab 的图形绘制能力有助于将复杂的数学概念以可视化方式呈现，从而增强学生的理解力和记忆，巩固其学习成效。再次，相较于传统的教学模式，依托 Matlab 进行数学教学更适应现代教育理念，便于拓展课堂内容，避免学生局限于特定题型的训练。最后，妥善运用 Matlab 于数学教学中，能够推动师生共同成长，显著提高课堂教学质量和学生的学习成效。综上所述，Matlab 软件的科学运用不仅对学生的学习进步，也对教师的教学提升具有积极影响，因此在各个教学环节中应予以重视。

（二）Matlab 应用于数学教学的可行性

MathWorks 的 Matlab 是一款综合性的数学计算软件，其应用范畴不仅限于科研活动，亦广泛渗透到数学教育领域。具体体现为三大层面的运用。

Matlab 的图形用户界面功能颇为强大，构成了与计算环境深度交互的桥梁。此特性使学生能够便捷地与计算机进行信息互动，执行包括运用工具和构建演示在内的各种编程任务。这种互动体验对于学生来说既新颖又引人入胜，无疑能够有效提振他们学习数学的兴趣。

Matlab 软件系统以其便捷的操作界面和卓越的计算性能，在数学教育领域备受青睐。在教学过程中，公式运算与数值处理往往占据了大量时间。鉴于 Matlab 内置的高效数值计算函数库，它能有效简化复杂计算任务和公式调用，从而在数学教学实践中提高教学效率，为教师带来显著的便利。

Matlab 软件系统内置的绘图功能分为两层，使在数学教育领域，教师能够便捷地借助该系统绘制各类图形，从而显著提高了图形教学的效率与实用性。

三、Matlab 软件在数学教学中的具体应用

（一）在数学分析教学中的应用

在数学教育实践中，Matlab 软件被证实为一种有效的工具，尤其在深化数学分析教学方面。该软件特别适用于处理复杂难解的数学问题，如求解函数的极值问题。借助 Matlab 的分析功能，学生能在自主探究的过程中发现简洁的解题策略。在具体操作时，教师可指导学生启动 Matlab，进入命令行界面，输入 taylortool 指令并回车，随后在文本框内输入待解的数学问题。如此，原本复杂的数学题目将被转化为直观的图形或其他简化形式，从而加速问题的解决过程。Matlab 的介入使高难度问题得以简化，这不仅提升了学生的符号运算技能，还激发了他们的思维活力。因此，学生更愿意主动在 Matlab 环境下进行数学分析练习，对数学学习产生更深的兴趣，从而摒弃消极的学习态度。

（二）在线性代数教学中的应用

线性代数作为数学教育的核心组成部分，涵盖诸如线性方程和矩阵等关键概念。然而，传统的讲授模式往往导致学生难以领略线性代数的实际应用价值，进而丧失对数学学习的热情。鉴于此，引入 Matlab 软件辅助教学能将抽象的线性代数概念具象化，激发学生积极参与课堂互动。通过直观地运用 Matlab 软件，学生能掌握更高效的问题解决策略，有效地将线性代数理论应用于实践，逐步培养其解决问题的能力。Matlab 软件的符号计算功能尤其裨益于数学教育，允许学生在软件环境中自如地处理线性代数计算任务。在具体操作时，学生可在 Matlab 编辑器内创建文件并输入计算命令，随后系统会按规定的算法展示解题过程及结果，以增强学生的理解和记忆。

（三）在概率统计教学中的应用

在数学教育的范畴内，概率统计的教学占据了一席之地，它能有效探讨一系列复杂难解的问题。然而，构建概率统计模型时常遭遇不确定性及难以量化的问题。为克服这些挑战，适时地将 Matlab 软件整合到教学中显得至关重要。Matlab 软件以其直观的绘图功能和易学性，展现出在概率统计教学中的显著优越性。因此，教师可以指导学生运用如“>>clear……”之类的命令在 Matlab 环境中进行操作，软件会迅速反馈计算结果。此外，借助 Matlab 软件，学生能够快速构建与题目相关的概率模型，并进行更精确的分析。通过这种实践方式，Matlab 软件不仅加深了学生对概率统计理论的理解，也巩固了他们对数学概念的掌握。

（四）在数值分析教学中的应用

在数值分析的教学实践中，Matlab 软件扮演了不可或缺的角色。鉴于常规课堂中数值分析课程的课时有限，往往导致学生对复杂的数值概念理解不足，进而可能催生消极的学习态度。为克服教学资源与教学需求之间的矛盾，提高教学质量，教师可在课堂上首先集中传授数值分析的基础理论和原理。待学生牢固掌握这些基础知识后，秉持“精讲多练”的教育理念，可借助 Matlab 软件开展强化教学，深入解析如矩阵函数的正交分解和特征值分解等数值分析技术及其核心原理。如此教学模式不仅能够有效锻炼学生的实际问题解决能力和数学思维能力，同时也提高了教学效率，从根本上改善了传统教学模式中的难题。

（五）在解析几何教学中的应用

Matlab 软件作为一种强大的教学辅助工具，尤其在融合数学解析的教学实践中展现出其独特价值。针对空间解析几何课程，为激发学生的空间想象力并提升其对数学的热爱，教师可以引导学生利用 Matlab 软件自主构建各类图形，以此验证理论、解决实际问题，从而突破传统单一的黑板教学模式，营造出多元化的学习场景，刺激学生对数学的兴趣。此外，Matlab 软件的图形可视化功能在课堂上能显著提高学习效率，如在教授二元函数时，学生通过绘制函数图像能有效地简化学习步骤，加深对解析几何概念的理解。通过 Matlab 动态展示空间图形的位置关系判断和动点轨迹分析，有助于培养学生的空间思维，使他们能够直观见证解析几何知识的生成过程，从而深入理解相关数学问题。因此，强调在数学教学中融入 Matlab 软件，利用其精确快速的编程语言绘制空间几何图形，能有效增强教学效果。在具体的解析几何教学环节，应依据教学目标，适时增加 Matlab 软件的使用，提供充足的实践机会，让学生亲身体验解题流程，进一步掌握解析几何的运算技巧。

四、Matlab 软件在数学教学中的应用对策

（一）完善电子课件制作

在实施数学教育的过程中，Matlab 软件的应用不应仅限于课堂教学，还应拓展至电子课件的开发。例如，利用其强大的绘图功能来优化 PPT 课件的图像展示，从而提高课堂讲授的质量和吸引力。这样的做法有助于增强学生对数学概念的理解与吸收。此外，通过 QQ、微信等在线平台分享经 Matlab 软件更新优化的电子课件，学生可以方便地获取资源，进行自我学习和深化理解。这种结合现代技术的教育模式有利于锻炼学生的自主学习技能，逐步培养他们的自主学习习惯。然而，为了确保教师能有效地利用 Matlab 软件进行课件制作，学校有必要组织相关的软件应用培训，使教师掌握必要的编程基础知识。

（二）示范推广软件作用

在提高数学课程教学质量的过程中，Matlab 软件的应用示例与推广显得尤为关键。在推广策略上，建议初期以兴趣导向的研讨小组为切入点，挑选成绩突出的学生先行试用 Matlab 软件，以此探索其在数学教育中的效能。通过兴趣班的实践，学生将体验到 Matlab 软件的简便性及其在图形绘制和高效计算等方面的多功能性，从而减轻数学学习的负担。待小规模试点取得成效后，可进一步将 Matlab 软件的使用普及至全体学生，激发更多人自觉运用该工具学习数学，进而显著提高他们的数学学习效率。

（三）突出软件显著优势

在数学教育实践中，为充分发挥 Matlab 软件的教学效能，教师有必要向学生充分揭示其独特优势。一旦学生认识到这一工具的优越性，他们将更有效地运用 Matlab 软件来应对数学学习中的关键挑战，逐步培养出卓越的数学问题剖析和解决技巧。为了具体呈现 Matlab 软件的优势，可以适时引入数学案例，通过实例演示如何利用该软件简化复杂的数学运算，进而实现从抽象计算到直观可视化的转变，使数学语言变得更加通俗易懂。

据此可见，Matlab 软件在数学分析、线性代数、概率统计、数值分析及解析几何等教育实践中扮演着不可或缺的角色。其功能强大，为教学活动带来了革新。因此，教育者有必要引导学生掌握 Matlab 软件的科学运用，以实现自主探索式学习。借助 Matlab 软件，学生能直观体验数学的精妙，节省繁杂的计算时间，从而提高学习效率。值得注意的是，与常规教学手段相较，Matlab 软件的运用更能凸显数学的本质，故应大力倡导此软件在数学教育中的应用。

第三节　交互式电子白板在数学教学中的应用

一、交互式电子白板概述

（一）交互式电子白板的概念与功能

交互式电子白板集成电子感应白板及其配套的感应笔等硬件设施与专用操作系统软件，堪称计算机技术、微电子技术和电子通信技术的结晶。这一创新使电子白板演变为一种集输入输出功能于一体的计算机设备，进而构建了一个支持用户与计算机深度交互的智能化平台①。

交互式电子白板常用的功能主要有以下几类，如表 4-9 所示。

表 4-9　交互式电子白板的常用功能

交互式电子白板	信息展示平台	静态展示，PPT 播放，音频播放，视频播放，实物投屏展示
	师生互动平台	书写，拖动，复制，标注，缩放，旋转，板擦，聚光灯，拉幕放大镜
	资源管理平台	图形图标库，板书储存调用，虚拟实验室
	再生资源平台	网络画板，GeoGebra 平台，几何画板等
	知识建构平台	知识树图谱，成绩对比分析
	协同教育平台	网络通信

传统模式下的多媒体教室，依赖黑板、电脑及投影幕布，虽能在一定程度上实现信息展示与资源再生功能，但其交互性不足，难以满足教师、学生及学习材料之间频繁交流的需求，尤其在倡导探索式教学的背景下显得力不从心。如表 4-9 所示，相较于传统配置，交互式电子白板展现出更强的功能集成性，整合了多种设备功能；其互动性能显著提升，使教师在授课过程中能更自由地利用电子白板与学生实时互动，根据教学进程即时添加或修改注解；同时，它减轻了对使用者的束缚，教师无须拘泥于电脑旁，可自由走动并借助肢体语言，学生也可按需上台操作或通过个人学习平板与大屏幕互动。交互式电子白板的引入有效克服了传统多媒体教室交互控制有限、内容不可变、投影显示质量不佳及易受遮挡等局限，既便于信息资源的引入与呈现，又支持内容的灵活增删，既强化了教师的引导作用与个人魅力，又增强了教学的参与性和互动性，从而为信息技术融入的探索式教学提供了坚实的硬件设施和教学环境支撑。

（二）交互式电子白板的教学功能

1. 书写和擦除功能

在教育实践中，教师可借助交互式电子白板的配套笔或直接以手指在其表面进行书

① 刘长庆．交互式电子白板：课堂教学技术的新趋势［J］．成都大学学报（教育科学版），2007（06）：38-40.

写，这种操作模拟了传统黑板的板书行为。在教学过程中，教师能够依据具体教学主题，灵活选择不同颜色和线条粗细的工具进行书写。如遇误写情况，教师可即时利用电子白板内置的橡皮擦功能，方便快捷地清除错误内容。因此，交互式电子白板的书写与擦除机制不仅有助于减少教师接触粉尘的可能性，更有利于营造一个健康的教学空间。

2. 放大镜功能

交互式电子白板在继承传统黑板功能的同时，对显示屏进行了革新性的增强，其内嵌的放大镜工具允许教师随心所欲地定位并放大显示内容。教师可灵活操作，将放大镜移至所需放大区域，即时实现局部细节的放大。此外，教师还能依据教学需求调整放大区域的尺寸或位置。在教学实践中，这一放大镜特性有助于凸显关键教学点，同时也确保了后排学生能清晰细致地观课，从而提升整体学习体验。

3. 聚光灯功能

聚光灯功能旨在引导学生的注意力迅速聚焦于教学重点，教师通过点击交互式电子白板上的聚光灯按钮，可启用此功能，形成局部凸显的效果。该功能能使特定区域亮起，同时使周边区域暗化。教师依据教学需求，可调整聚光区域的尺寸，或移动其位置。在电子白板展示丰富信息的情境下，若需突出某一具体内容以吸引学生的注意力，聚光灯就显得尤为适用，它能有选择地照亮教师期望学生深入探究的部分，进而有效集中学生的注意力。

4. 拖曳功能

交互式电子白板允许教师与学生灵活操作，可任意拖曳选定内容至版面的任一角落，这种独特的移动功能在日常教育实践中深受教师青睐，成为其区别于传统黑板及多媒体设备的一大特征。

5. 蒙层功能

在备课阶段，教师可对特定内容施加蒙版，由此实现其暂时遮蔽。待到实际教学过程中，通过运用“橡皮擦”功能移除蒙版部分，原先被掩盖的信息随之显露，以适应教学需求。

6. 计时功能

在教育实践中，当教师有计时需求时，可借助内置的计时模块来实现这一目的。教师仅需设定所需的计时周期，一旦启动计时按钮，该功能将自动、精确地执行计时任务。

7. 学科工具

交互式电子白板针对数学教育的需求，集成了各类数学教学专用工具，涵盖了几何构建模块，用于构建平面与立体图形；函数描绘模块，便于绘制函数曲线；直尺和圆规工具，支持精确的直线与圆的绘制。这些工具使教师和学生能够便捷高效地构造复杂几何形状，并能对三维图形进行全方位旋转及多样化的展开操作。在平面图形的测量中，尺规工具有助于教师准确测定长度和角度。在教授立体几何内容时，利用交互式电子白板的学科特性，不仅能够以直观方式呈现立体图形，有效破解教学难题，同时也减轻了教师繁重的板书绘图工作，优化了教学效率。

8. 课堂活动功能

在教育实践中，课堂活动涵盖了趣味分类、深化分类、知识联结及小组竞赛等形式，教师可依据教学主题灵活选取适宜的活动模式，以确保全体学生的积极参与，进而增强教学效果。借助课堂活动内置的限时竞赛元素，教师能够有效唤起学生的荣誉意识，使他们在积极参与中巩固知识。相较于传统PPT创建交互式课件的局限性，以及FLASH制作过程中面临的复杂性和耗时问题，交互式电子白板为构建此类课件提供了简洁快捷的解决方案。课堂活动所涵盖的各种互动环节本质上即交互课件，通过交互式电子白板，教师能够便捷地设计并实施这些教学活动。

9. 制作动画功能

交互式电子白板在制作动画方面展现出了显著的便捷性，相较于PPT，教师能以更低的时间与精力成本完成动画制作。

10. 资源库功能

交互式电子白板内置的资源库包含丰富的课件集合与课程录像，涵盖了各学科领域，极大地强化了教学支持。该系统针对不同科目预设了大量学科特定素材及微型教学课程，有效助力教师提升教学效能。同时，教师可依据教学需求构建个性化资源库，便于课后对库内资源进行深入编辑，从而显著优化教师的备课与授课流程。

11. 录制功能

启动交互式电子白板的录制胶囊功能后，系统随即进入记录模式，而二次点击该按键则标志着录制过程的终止。录制的内容在课后为学生提供了复习的依据，从而有望提升学习成效。同时，教师亦可借助回放功能检视课堂教学，开展反思与修正工作，以促进其专业发展。

12. 授课助手

交互式电子白板辅助教学系统提供了一种高效展示学生作业的方式，允许教师运用其内置的书写工具直接在屏幕上进行批阅与注解。尽管此类功能在某种程度上类似传统投影仪，但后者要求将学生作业置于展示台上，导致被评讲的学生无法即时修正错误。相比之下，交互式电子白板配合其授课助手应用程序，可经由手机拍摄并上传学生的作业图像，使学生能够在教师讲解过程中同步进行错误改正。此外，授课助手还具备同屏操作的优势，教师能够通过手机录制视频并即时在电子白板上播放，实现了多媒体教学的无缝集成。

13. 班级优化大师

在采用交互式电子白板的教学实践中，教师得以依据学生的实时课堂行为，借助班级优化大师工具实施即时反馈与评价。在传统模式下，教师的表扬与指正多限于口头，且课后难以逐一与每位家长详谈学生表现。然而，通过运用班级优化大师的功能，教师能对全体学生进行高效且适时的评价。这一技术使家长在家中也能接收到系统推送的反馈信息，从而全面、及时地掌握孩子在校的学习状况，显著强化了家校之间的沟通纽带作用。

二、交互式电子白板在数学教学中的应用优势

交互式电子白板以其丰富的教育资源和多功能特性，显著简化了教学流程，对数学教育领域产生了深远影响。其直观易用的操作界面有效降低了教师的备课与授课压力，同时赋予教师依据课堂实际状况灵活调整教学策略的能力，从而推动了动态教学模式的实施。此外，该技术强化了教学过程中师生及生生之间的交流互动，优化了“教”与“学”的体验。通过多维度展现教学内容，交互式电子白板有助于揭示学生的思维路径，激发学习热情，进而提升学习成效。

（一）功能强大，提高效率

相较于传统的黑板教学和静态多媒体工具，交互式电子白板展现出了其独特优势，能够迅速并多元化地展示图像、音频和视频等教育资源，同时集成诸如拖放、放大、聚光、遮罩及课堂活动等多种高级功能。在教育实践中，这种技术彰显出高度的互动性、灵活性和记录能力，有利于学生展示思维，强化师生及生生间的交流，从而提升学习效能。此外，交互式电子白板能将复杂的概念具象化，使静止的知识动态化，有助于加深学生对知识本质的理解。它提升了教育资源的操作潜力、扩大了应用范围，同时优化了教师的教学质量和学生的学习效果（见表 4-10，对比了普通黑板、传统多媒体与交互式电子白板在教学内容和流程等方面的异同）。

表 4-10　普通黑板、传统多媒体与交互式电子白板的对比

对比项		普通黑板	传统多媒体	交互式电子白板
教学内容	显示性	用粉笔书写，用粉笔擦擦除错误后，再用粉笔书写修改内容	通过演示 PPT 等多媒体课件或者 Word 文档显示教学内容，修改教学内容比较麻烦，可以小部分修改内容，但是不能大面积修改内容	可以方便快速地插入视频、音频、图片等教学资源，可以使用书写笔直接在交互式电子白板上书写，书写的笔也可以根据教学需要调节粗细和颜色，还可以用交互式电子白板自带的橡皮擦去擦除错误
	处理性	教学内容不可以预先制作，要在课堂上板书，部分教学用具需要手工制作，都需要花费较长时间	教学内容可以预先制作在 PPT 等课件上，但是不能根据学生的生成和课堂需要随意修改课件呈现的教学内容	教学时，可以直接在交互式电子白板上，用书写笔任意地进行书写，可以方便快速地标注、修改教学内容。教师可以根据学生的生成对教学内容和资源进行快速的编辑和修改

续表

对比项		普通黑板	传统多媒体	交互式电子白板
教学过程	互动性	不便于展示学生的想法，生生互动较少	按课件的流程教学，不利于师生之间和生生之间互动	易于师生之间沟通交流，方便学生展示自己的想法，促进生生之间的沟通
	可变性	教师可以根据学生的生成和课堂的教学情况改变教学过程	教师按预先准备好的课件进行教学，但是无法依据学生的生成，随意改动课件演示的顺序	教师可以依据教学的实际情况和学生的生成，改动课件演示的顺序和教学过程，形成动态教学
	存储性	黑板书写容量小，不易保存	仅可以保存教师通过鼠标标注修改的内容	能够随时记录教学过程中教师在交互式电子白板上书写、修改的内容，并且能形成视频，作为学生学习的资料，学生在课后可以反复学习，便于学生复习所学知识

（二）资源丰富，方便教学

交互式电子白板的资源库整合了大量备课与教学素材，易于教师检索与应用。教师可访问校内资源库，浏览并下载其他教师分享的课件，以适应个性化教学需求。在授课过程中，教师能迅速访问资源库中的图像、音频、视频等元素，以辅助学生的学习体验。此外，该系统提供的学科工具包涵盖了数学题库、数学绘图工具、课程视频、几何与尺规工具等，其中数学题库蕴藏丰富习题，课程视频包含多样化的微课，而数学绘图工具则备有各种互动课件，使教师能够随需灵活利用这些教育资源。更重要的是，交互式电子白板具备即时保存功能，能够记录课堂上的生成资源，包括教学亮点及师生的书写记录，以便后续复习与学习。

交互式电子白板兼备丰富的教育资源与简便的操作特性，显著改善了教学效率。在传统黑板教学模式下，教师往往需耗费大量时间于课堂书写，特别是在教授图形与几何这类需要频繁绘图的课程时，持续的板书不仅消耗课堂时间，也可能干扰学生的专注力。同样，在习题讲解环节，受限于黑板空间，教师频繁擦写，这不仅阻碍了教学内容的留存，也使教师难以腾出时间近距离关注学生的学习状态，降低了教学的针对性。尽管多媒体教学，如 PPT 和 FLASH 动画等工具提供了新的教学方式，但其制作过程复杂，常令教师陷入耗时的课件准备中，以至于部分教师仅将 PPT 视为展示教材图像的简易工具。相比之下，交互式电子白板因其功能直观易学、操作流程简化，即使是年长的教师也能轻松掌握，降低了技术应用的门槛。

（三）生动形象，化静为动

在数学教育实践中，整合抽象概念与具象示例是至关重要的策略。面对讲解抽象主题时的挑战，教师常发现，尽管他们竭尽全力以言语阐述，但学生的理解度仍显不足。部分学生在遭遇难以理解的内容时，容易将其归咎于数学的复杂性和抽象性，进而对该类问题失去兴趣，甚至产生抵触情绪，导致注意力分散。这往往使教师的教学成效未能达到预期。交互式电子白板的引入为此提供了有效的解决方案，它能够将抽象概念具象展示，将静态知识转化为动态形式，显著促进学生对抽象问题的理解。例如，在处理抽象问题时，教师可利用电子白板展示图像和视频，或者运用其拖放功能使静止图像动态化，从而使教材中的数学概念栩栩如生，降低学习难度，进而增强学生对抽象知识的领悟力。

戴氏“经验之塔”理论强调，教学设计应始于具象体验，渐次攀登至抽象理解。唯有当学生深度参与对客观世界的感知，外在的感官与身体活动方能内化为内心的思维语言。因此，教师可借助交互式电子白板技术，将枯燥的知识以动态形式呈现，实现静态信息的动态化，进而助力学生有效积累具体经验。

（四）激发兴趣，主动探究

兴趣是驱动学习的内在动力，对于小学生而言，他们易于对感兴趣的事物产生专注。鉴于此阶段学生注意力易受干扰，教师有责任点燃他们的学习热情，以维持其注意力集中。兴趣促使学生积极主动地探索知识，而非单纯被动地接收。学习兴趣的形成深受学生个体、教学素材及教师教学方式等多元因素影响。于是，教师在教学实践中需采取创新策略和工具，使教学内容富于变化，教学形式生动多样，以期深植学生的求知欲望。交互式电子白板作为一种有效的教学工具，能以多元化方式展现教学内容，调动学生的多重感官参与，如利用其遮罩、聚光效果、嵌入音视频等功能，能有效吸引学生注意力，提升学习兴趣，进而加深对知识的理解与掌握。

在数学教育实践中，应当摒弃单纯依赖传统教学方法的知识传递，同时鼓励学生摆脱被动接受的角色，积极主动地对知识进行探索和理解，以期在实际中实现知识的活学活用。教师可借助交互式电子白板这一工具，创造动手实践的情境，使学生成为数学知识的主动探索者，通过自我尝试和努力，开辟数学认知的新领域。

（五）多元互动，展示思维

当前的课堂教学模式已演变为多向互动与高效沟通的动态过程，不再局限于教师单方面的讲述。交互式电子白板在此背景下凸显其优越性，它促进了师生、生生以及学生与教学内容间的多元化互动。在教育实践中，教师可借助交互式电子白板构建平台，使学生得以全面展现思考过程，激发全体学生的积极参与，从而使教师能即时洞察学生的思维亮点，进而提升课堂内的交流互动质量，有效推动了师生间、学生间的信息互换，同时也促进了学生的思维发展。

（六）化繁为简，降低难度

在数学学习的旅途中，部分学生常因数学概念的复杂性而感到畏惧。面对错综复杂的数学问题，有些学生瞬间难以剖析其中的数量关联，仅凭教师口头阐述或个人直观想象往往不足以攻克难关，这往往使他们的学习专注度下降，学习成效受到影响，甚至动摇了学习数学的决心。鉴于此，教师在教学实践中可运用交互式电子白板工具，将难题拆解为易懂的部分，将抽象概念具象化，以此减轻学生的学习负担，传授解决问题的策略，从而提高教学与学习的双重效率。

三、交互式电子白板在数学教学中的应用原则

（一）学生主体性原则

在构建基于交互式电子白板的数学教育模式时，教学目标的设计应秉持以育人为核心的理念，避免单纯追求技术新颖性而忽视了电子白板对提升课程趣味性的实际作用。同时，需充分顾及学生的认知差异，确保教学的包容性。在教学实施阶段，学生应被视为主体，课堂不再仅仅是教师展示的舞台，而是学生主动探究新知识的场所，因此，几何教学理应秉持以学生为中心的原则。谢惠惠①通过具体的教学实例验证，恰当运用电子白板能有效地促进学生的个性化发展。

（二）技术辅助性原则

技术平台本质上是支撑互动教学的工具，教师对其的依赖应当保持适度。观察众多课堂教学实况，常出现教师不断切换电子白板的各类功能，而学生则持续关注屏幕，主要体验新奇的技术特性。教师有时扮演了白板的“操作主导者”，全程未能合理运用传统的板书，结果是课程结束后，学生的思维并未得到有效填充，仅仅体验了一场技术展示。这种为使用技术而使用的倾向，过度赞誉白板技术的功效，反而打破了既有的教学流程，导致教学质量显著下降。

（三）效果发展性原则

交互式电子白板作为一种先进的教学工具，有效地促进了教师与学生、学生与学生之间的动态协作学习。教师应充分利用这一平台，激发学生的探究精神，启迪他们的思维方式；在解决课业问题的过程中，学生可将个人思考过程及解题步骤共享至屏幕上，进而增强课堂内的合作沟通，以此实现教育活动对学生全面发展的积极推动作用。

四、交互式电子白板应用于数学的教学模型

（一）教学模型

图 4-1 提出了一种融合交互式电子白板技术特性，专为数学课堂教学设计的教学模式。

① 谢惠惠．利用交互式电子白板构建小学高效课堂［J］．甘肃教育，2020（21）：119.

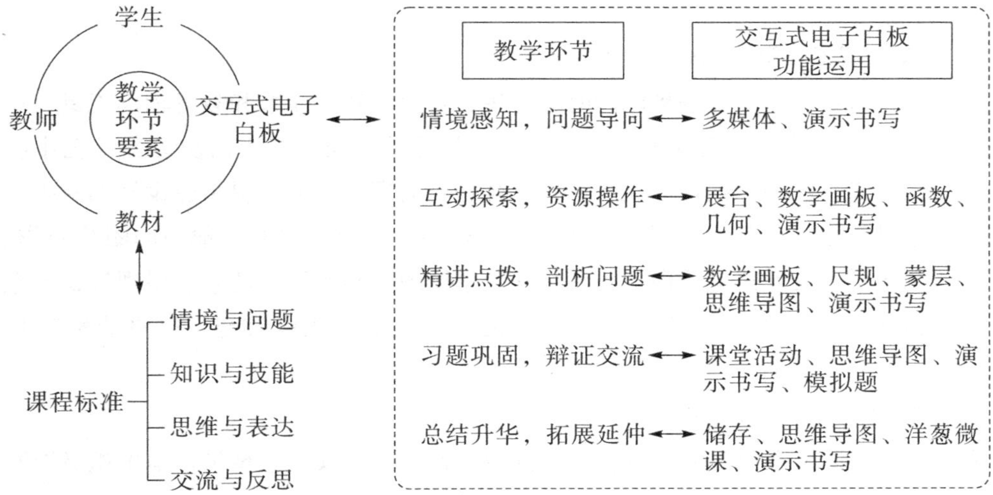

图 4-1　教学模型

（二）教学模型结构分析

下文着重探讨了教学过程中的关键构成要素、课程规范，以及如何将这些元素与交互式电子白板的特性相融合，以期建立创新的教学模式。

1. 教学环节要素分析

教育过程涉及的关键元素涵盖教师、学生、教科书以及信息技术集成的交互式电子白板。课前阶段需开展学情评估、教材研读，以及深入探究交互式电子白板如何与数学教学实现无缝融合。

2. 课程标准分析

数学教育的目标旨在通过学习进程，确保学生掌握考试及未来发展中所需的本质内容，这主要涵盖基础知识、核心技能、基本数学思维以及实际操作经验，这四者常被合称为“四基”。进一步讲，此类教育旨在提升学生在数学领域内发掘问题、构建问题、解析问题及实施解决方案的素养，同时培育其创新思维和实践应用能力。

3. 教学环节分析

教育过程可划分为五大模块，首先是情境感知与问题导向，其次是互动探索与资源操作；再次是精讲点拨与剖析问题，又次是习题巩固与辩证交流；最后则是总结升华与拓展延伸。

（1）情境感知，问题导向

在教学过程中，教师可借助多媒体资源如视频、图像，乃至现实生活案例，激发学生的思考和联想。此阶段鼓励学生积极地从已知知识中迁移学习，自主地发现问题并提出疑问。交互式电子白板在此发挥效用，能生动展示视频与图像，教师运用其书写功能，针对学生的问题即时在屏幕上呈现相关素材，既高效又凸显重点。这种模式强调学生的主体地位，使他们主动参与课堂，锻炼其独立思考的品质，进而提升发现问题的能力，符合数学教育的目标。

（2）互动探索，资源操作

在学习过程中，学生在遇到问题时会运用已习得的知识体系和教育辅助工具，他们可能选择个体深思或采取小组协作的方式来探究问题的本质和寻求解决方案。在小组讨论中，每个成员需仔细考量同伴的见解，并融合自身的理解，最终提出建设性的意见。这种集体合作的教学模式不仅促进了学生思维的条理性，还有效提升了他们的团队协作技巧。此时，教师可借助交互式电子白板，利用其数学绘图和函数等特性直观展现知识要点，而学生则可以通过亲手操作白板或平板电脑的点击功能，积极参与，以澄清疑问并解决问题。

（3）精讲点拨，剖析问题

各小组代表提出独到见解，其他成员则专心致志地汲取思想精华。学生积极展开思维碰撞，阐述个人观点。教师在此过程中发挥引导作用，协助学生整理思绪、解答疑惑，对核心知识点进行深入剖析，以助学生牢固掌握知识要领，进而理顺知识体系。教师在解决问题时，可借助详尽的思维导图进行演示教学。对于定义类知识，教师在接纳学生的初步理解时，辅以精准的语言指导，通过逐步揭示的蒙层分析方法，促进学生深化理解和记忆。

（4）习题巩固，辩证交流

在教学实践中，教师设计了层次分明的课后习题，这些习题既可来源于教科书，也可融入交互式电子白板内的模拟测试，以促进学生的学习深度。鼓励学生在解题时勇于挑战复杂问题，激发他们的思考与创新思维。教师可运用实物展台或手机拍摄学生解答，通过多屏互动技术辅助讲解，提升讲题效果。针对疑惑之处，师生展开建设性的辩证讨论，共同剖析问题本质。对教学难点和常见错误点，教师会进行详尽解析，力求使学生在课堂内即时解决问题。此外，交互式电子白板的课堂活动模块有助于增强学生的参与度和学习积极性。

（5）总结升华，拓展延伸

在学习过程中，学生应对掌握的数学概念、理论思想及操作技巧进行深入的梳理与整合。教师适时的补充与完善则显得至关重要，借助思维导图工具能有效地呈现课程的核心知识点，使知识结构一目了然。此阶段同样适宜回顾先前所学，通过新旧知识的对照分析，促进学生的系统性理解和巩固记忆。

五、交互式电子白板在数学教学中应用的优化策略

（一）提高对交互式电子白板应用的重视程度

1. 更新教育观念

在某些区域的教育机构中，管理层的教育导向并不充分，他们的工作重心往往流于形式，对教育信息化的认识尚显不足。教育信息化不应仅仅被视为教室内的多媒体设备堆

砌，或教师将这些设备视作升级版的“黑板”。实质上，教育信息化旨在实现教学内容与信息技术的深度融合，为教学内容提供优质的展示载体，同时确保信息化设备能充分发挥其效能，两者相辅相成，共同进步。因此，亟须确立正确的教育理念，始终以教育为核心开展各项工作，深入理解教育的本质，并紧贴时代发展脉搏，引领教育理念的创新。唯有如此，他们才能在思想层次上真正认识到交互式电子白板等教育技术的重要价值。

2. 建立长效机制

当前，一些教师对交互式电子白板的运用局限于基础功能，对其拓展功能的认知尚显不足。调查结果显示，多数前线教师依赖在线平台获取相关培训，但反馈效果未达理想，现状堪忧。鉴于此，提倡学校邀请专业人员进行校内实地培训，以促进教师对交互式电子白板的全面理解和掌握。在教学实践中，唯有持续运用交互式电子白板，教师的技能提升和有效掌握方能得以实现。

因而，强化对教师的培训工作成为学校管理层亟待解决的任务。构建专业的培训平台与全面的培养方案至关重要，培训活动应具有长期性，频次充足，以保障教师能与培训导师进行直接对话，实现资源的共享，从而提升培训效能。同时，为防止教师在无指导的情况下误用技术，学校领导需提供适时的导向，确保教师沿着正确的教育路径发展。建立一套基于科学原则和合理标准的交互式电子白板应用评估体系，有助于教师明确正确操作路径，从单纯利用其表面功能转变为深入掌握，进而有效提升教师运用交互式电子白板的教学能力。

为提升教师队伍的整体素养，需实施具有针对性的培养策略。对于男教师，鉴于其倾向于大刀阔斧的教学风格，对细微之处可能关注不足，培训中应强调细化教学方法，如根据不同课程类型灵活运用各类教学手段。对于年轻教师，鉴于其教学经验的匮乏，单纯的技术和理论教育不足以驾驭课堂，因此应增设如何有效整合资源以强化课堂管理的实践培训。对于资深教师，他们可能因长期的教学实践形成固定思维模式，对新理念存在抵触情绪。对此，培训应当投入更多时间和耐心，给予充足的实践机会，并以激励为导向，逐步引导他们接纳和适应新的教学理念。

（二）提高数学教师的信息素养

1. 树立信息意识

首先，更新教师的教育理念，以适应信息化时代的诉求，培养敏锐的信息意识。必须破除守旧思维，接纳并融入创新元素。教师需不断更新知识结构，逐步掌握新技术，以此保持教育实践的前沿性。当前，不少学校拥有一支年轻的教师队伍，他们具备较强的适应能力和学习潜力，一旦具备前瞻性的思想，其信息素养的提升将迅速显著。唯有树立正确的信息观念，深刻理解交互式电子白板的本质，教师方能有效地整合这一工具进行教学设计，确保教学目标精准实现，进而提高课堂效率，激发学生积极参与，彰显学生的主体地位，并有力增强学生间、师生间以及学生与教学内容间的互动性。

其次，教育工作者需秉持融合教学实践与交互式电子白板理论的正确观念。培训的核心不仅限于技术层面，更强调与教育理论的深度融合。唯有在科学理论的指引下，教师才能在教育创新的道路上行稳致远，避免盲目效仿和误用交互式电子白板，从而切实达成其与教学内容的有机整合。

教学反思在提升教师教育效能中占据核心地位，而信息化素质的精髓在于其内化过程。教师需持续反思以洞察教学实践中存在的不足，因为问题的识别是改进教学的关键，否则改善将如海底捞针，困难重重。唯有不断辨识问题并寻求解决方案，教师的教学技能方可得到实质性提升。鉴于教师在各自教学阶段可能面临的差异性挑战，他们可互相分享个人困扰，以此在解决问题的过程中互鉴经验，共促专业成长。

2. 提高信息能力

鉴于某些地区教育信息化进程相对滞后，提升教师的信息技术素养显得尤为迫切。为打破当前格局，学校与教师个体应成为改革的着力点。在教学实践中，应更充分地凸显学生的主体地位，教师通过提升信息技术技能，有效运用交互式电子白板，逐步淡出直接教学角色，转而以引导者的身份参与课堂，但始终保持适度介入。培训策略应兼顾理论与实践，单纯依赖理论培训无法充分提升教师的信息技术能力。因此，培训内容应聚焦交互式电子白板的高级功能，如指导教师如何在软件库中搜索或创建相关教学资源。依据教师的学习进度，逐步提升培训的复杂度。同时，为了确保培训效果，强化复习环节与考核制度至关重要，以促进教师将所学应用于实际教学之中。

教师的信息技术能力提升是实现教学方法多样化的关键。传统上，教师倾向于采用讲授法，强调其引领角色，但随着信息技术的融入，特别是在应用交互式电子白板的情境下，教师能够探索并实施各种教学策略。交互式电子白板为此创造出适宜的教学环境，有利于激发学生的学习潜力。

（三）提高数学教师运用交互式电子白板的积极性

交互式电子白板在教育领域的应用旨在提高教学质量并辅助学生的认知进程。在教学实践中，教师通常是交互式电子白板的主要操作者。为了充分挖掘其在数学教学中的潜力，提高使用效率，可从以下几个策略着手探索：在教育现代化进程中，数学教师对交互式电子白板的教学整合持接纳态度的转变显得尤为关键，而这无疑在生理与心理层面构成了一项挑战。部分教师由于学习能力未能同步提升，倾向于维持既有的教学习惯，抗拒跳出熟悉的教学框架，内心对新事物的抵触情绪也使他们不愿投入大量时间和精力去掌握新技术。鉴于国家在课程改革中对信息技术应用的明确倡导，无论是城市还是乡村的教师，都需破除原有的教学定式，勇于突破舒适区，在思想层面上革新，以真诚的热情探索如何有效利用交互式电子白板，从而使学生的学习过程变得更加轻松且富有趣味性。

（四）优化硬件资源，丰富软件资源

为确保交互式电子白板在教育实践中得到稳定应用，教师的接纳与依赖至关重要，这要求设备必须具备高度的可靠性。因此，提倡教师与学生共同秉持爱护意识，避免任何可能对设备造成损害的行为，以实现长期有效的使用。同时，供应商的角色不容忽视，他们

应定期对校内交互式电子白板进行详尽的检查、性能优化及必要的维护工作，以保证其始终处于良好运行状态，从而支持教师充分地将其整合到教学活动中。有教师指出，当前交互式电子白板的教育资源库多样性不足，难以完全契合实际教学情境的需求。针对这一问题，我们提出以下改进策略。

首先，推动教师群体形成资源协同利用的意识，共建一体化的教学资源库。教师无论身处哪个年级或学科，都能将他们的精品教学材料上传至共享平台，从而丰富学校的教育资源储备。通过此平台，教师可互相学习，汲取他人课件的精髓，摒除不足，以此促进全体教师的教学能力和专业素养的持续提升。这样一来，教师在备课时能避免频繁地独立制作和修订课件，节省下来的时间和精力可投入更深层次的教学研究。

其次，构建全面的技术支持体系以应对教师在使用过程中遇到的各类技术难题，从而实现问题的迅速且高效解决。例如，通过创建微信交流群，可及时为教师提供专业指导，以此缓解他们对新技术的畏惧感，进而激发他们深入探索交互式电子白板潜在功能的积极性。技术人员应定期开展线上实践教程，专门针对交互式电子白板的最新特性，以帮助教师有效应对实际操作中的困扰，鼓励他们致力于掌握并熟练运用其各种功能。同时，对于学校所采用的交互式电子白板软件，技术人员需不间断地进行更新优化，确保软件性能的先进性，避免软件问题成为教师有效利用这一工具的障碍。

（五）激发学生学习热情，提高课堂交互性

在实施交互式电子白板教学之前，教师需匠心规划教学流程，预留充裕的时间，鼓励学生积极参与动手操作。这一举措无疑提升了对教师的专业期待，要求他们在教学设计中投入更多精力，力求创新以持续激发学生的学习兴趣，促使他们主动投身并享受学习过程。同时，教师给予学生的展示空间和时机，不仅强化了师生间的沟通互动，还为评估教学成效和学生学习进展提供了实践平台，进而提高整体的课堂交互质量。

第五章　数学教学的路径

第一节　基于数学情感提升学生参与性的路径

一、数学情感下提升数学学习动机的建议

学习动机在学生的学术探索中发挥着不可或缺的驱动力作用，因此，增强数学学习动机至关重要。这要求我们致力于培育学生的内在动机，激发他们的学习热忱，将外部压力，如校方和家长的期望，转化为个体的自我学习追求。如此一来，可提高学习效能，并逐步塑造出成熟的数学思维模式。

（一）提高学生的认知性动机

在数学教育实践中，部分学生常缺乏正确认识和学习动力，故数学教育者需在传授新概念前，揭示数学知识的价值，明确告知学生其认知架构。通过构建全局视角，帮助学生理解和把握数学知识体系的内在脉络，同时设计相关教学情境，以凸显新旧知识间的关联、差异、共性和特性。这样，学生能够在已有的认知基础上，借助旧知识生成新知识，认识到自身的知识短板，从而激发探求新知的愿望和积极性，进而逐步提升他们在数学课堂中的参与度。

（二）提高学生的数学学习兴趣

在数学教育实践中，常见一部分学生缺乏兴趣，故而学习动力不足。为激发学生的学习热情，教师首先是构建一个寓教于乐、轻松愉快的教学环境，以此增进师生亲近感，吸引学生主动探索数学世界；其次，教师需在引入新概念时，将其实证于日常生活情境，使数学知识与学生经验相联系，便于学生理解和接纳，进而对数学产生浓厚的兴趣；最后，创新教学策略同样关键，比如组织小组竞赛，让学生亲身上台解题，或在讲解中穿插有趣的数学故事，如此一来，学生能在愉快的体验中领略数学的魅力，从而深植学习数学的热忱，有效提升他们在课堂中的参与度。

（三）提高学生的成就性动机

在数学学习的旅途中，某些学生往往缺乏明确的人生规划，他们的学习活动时常表现出目标不明、动力不足的特征，这直接导致了成就动机的匮乏。为激发学生的积极心态，数学教育者应在课堂环境中运用诸如微笑反馈、口头嘉许和具体行为赞扬等手段，以增强学生的成就感；同时，推荐并支持学生参与数学领域的竞技活动，如数学奥林匹克竞赛和

数学建模挑战，以竞赛荣誉激励其学习热情；此外，教师还应就高等数学的实用价值与职业前景进行讲解，阐明它在专业课程中的核心地位、在升学考试中的关键角色以及对将来就业的深远影响，以此来培育学生的长远学习目标和内在动力。

二、数学情感下提升数学学习态度的建议

优化数学学习态度对塑造学生的数学学习观念至关重要，它有助于校正学习目标，深化对数学价值的理解。同时，这能增强学生的数学学习信念，激发他们对掌握数学的自信心，相信自己有能力在数学领域取得成功。此外，这样的态度调整还能培育学生的数学学习责任感，使他们认识到学好、学懂、学精数学是自我担当的责任与使命。

（一）树立学生的数学学习观

在数学教育实践中，部分学生的数学学习观念存在偏差，他们普遍将数学学习视为满足课业需求和应对考试的工具，更有甚者质疑数学的实际价值，这些观念不利于其数学素养的发展。故此，构建积极的数学学习观至关重要，具体可从两个方面着手：一是教师需正确认识数学学习的本质，并在教学活动中潜移默化地揭示数学的意义，引导学生深入理解，让他们认识到学习数学不仅是通过考试的手段，更是为了扎实专业基础知识，为未来的学术深造和职业生涯打下坚实的基础；二是教师可利用课余时间设计相关数学游戏活动，鼓励学生分享个人的数学学习体验和有趣的数学故事，以此激发兴趣，丰富他们的数学学习观。

（二）提高学生的数学学习信念

部分学生在数学学习过程中展现出薄弱的学科信念，部分个体甚至认为自己无法胜任高难度的数学课程。鉴于此现象，本书提出以下三个策略以强化学生的数学学习信念：首先，数学教师需在教学过程中展现出对传授数学知识的坚定信心，以此鼓舞学生相信在教师指导下能成功攻破数学难关；其次，教学设计应立足于学生的“最近发展区”，设置适宜挑战，鼓励学生勇攀学术高峰，而非设置过高的门槛导致其产生畏难情绪；最后，构建全面的数学评价机制至关重要，不应仅依赖期末考试评估学生，还应在日常学习中实施阶段性评价。具体操作如在每个章节结束后评价学生的学习进步，每堂课上对积极参与讨论的同学给予肯定性反馈和适当的平时成绩奖励。适时、恰当的反馈与评价有助于激发和内化学生的学习动力，进而显著提升他们对数学学习的自信心，最终促进其课堂参与度的持续提高。

（三）培养学生的数学学习责任感

目前观察到，部分学生对数学学习缺乏应有的责任感，他们视数学为必修的学科任务，被动接受而非主动追求，未能认识到学习与掌握数学是其个人的责任和义务。鉴于此，强化这部分学生的数学学习责任感显得至关重要。首先，数学教师应秉持深厚的教育使命感和责任感，因为教师的行为模式深刻影响着学生，教师在教学实践中展现出的责任心能够潜移默化地激励学生，进而催生他们对数学学习的责任意识；其次，在常规教学活

动中，教师需引导学生理解，学习数学不仅是学生的职责，也是他们作为当代大学生必备的基本素质，应当以理性态度对待并努力精通公共基础课，特别是本专业的数学课程。

三、数学情感下提升数学学习体验的建议

优化数学学习经历有助于重塑学生对数学学习的态度和观念，它能培养个体的情绪管理能力，使学生面对学习挑战时能保持情绪稳定，进而深化在困境中的学习进程。此外，这一过程还有助于缓解学生的数学学习焦虑，将焦虑转化为积极的学习驱动力，同时对增强学生的自我效能感产生积极作用，使他们在数学学习中树立信心。这样的进步自然会逐步提升学生的数学课堂参与度。

（一）培养学生的情绪稳定性

在数学学习的历程中，部分学生遭遇挑战时，其情绪状态常呈现波动，表现出焦虑、急躁、注意力分散等消极反应。鉴于此，培养学生的心理韧性显得至关重要。教师首先需在常规教学实践中，适时给予学生普遍且有针对性的肯定与激励，无论是对集体还是个体，适时的赞扬都能激发学生的积极性。其次，组织学生参与数学相关的竞技与活动，如引导他们投身数学建模比赛，通过解决实际问题，不仅能让学生直面数学的复杂性，还能通过同伴协作增强他们解决问题的信心，进而提升面对数学困难时的情绪稳定性。最后，教师需在课堂内外密切关注学生动态，一旦发现有学生在数学学习中表现出情绪不稳，可采取个别辅导的方式，提供关心与支持性的对话，以此帮助他们内在地建立情绪平衡。

（二）改善学生的数学学习焦虑

在高等数学的学习过程中，许多学生体验到数学学习焦虑，这种情绪并非全然负面，适度的焦虑可激发学生的学习动力。因此，教育者在缓解学生的数学焦虑时，需谨慎平衡，以期达到最佳的学习状态。首先，教师在教学实践中应传达这样一个观念：焦虑是普遍存在的，对学习数学感到困扰是正常的，通过恰当的应对策略，每个学生都能有效管理自己的数学学习焦虑。其次，对于数学焦虑较高的学生，可将其分为两类：一类是成绩优秀但焦虑感强烈的学生，他们需要教师适时的激励，以确信自身具备解决数学问题的能力，勇敢面对挑战；另一类是成绩欠佳且焦虑高的学生，教师应引导他们从简单的数学概念开始复习，逐步增加难度，以此建立信心，相信通过不懈努力，能够克服学习障碍。最后，对于数学焦虑较低的学生，同样可划分为两类：一类是成绩好而轻视焦虑的学生，他们可能过于自信，忽视了持续练习的重要性，教师应适时提醒他们保持谦逊，扎实巩固基础知识；另一类是成绩差且低焦虑的学生，教师应鼓励并加强对他们的学习指导，激发他们的学习积极性，针对知识盲点进行基础性的查漏补缺。

（三）提高学生的自我效能感

部分学生的数学自我效能感较低，根源在于他们对自身能否成功掌握数学的能力和信心存在模糊认知。这种低自我效能感状态往往导致学生在数学学习中情绪波动加剧，以及数学学习焦虑的产生。因此，数学教师应树立坚实的自我效能感，以充满活力、积极乐

观、精神集中和坚定自信的教学态度影响学生，因为教师的高自我效能感可在潜移默化中提高学生的自我效能感水平。此外，教学实践中可鼓励和安排自信心强的学生进行台上解题展示和讲解，并辅以适当的激励和奖励措施，以此激发其他学生的竞争意识，促使他们更专注、努力地学习数学，从而在这样的互动中逐步增强自我效能感。

四、数学情感下提升数学学习情感交流的建议

数学学习中的情感交互作用显著地塑造了学生的数学学习体验。通过师生间与同伴间的深度情感交流，学生能实质性地融入数学学习过程，进而激发他们对数学的浓厚兴趣与正面情感。这种互动有助于不断提升学生的数学课堂参与度。

（一）加强师生之间的情感交流

在数学教育实践中，师生间的互动沟通往往显得不足，普遍情形是仅有限的数学热衷者在课内外与教师有所交流，而大多数学生的数学学习之旅并未伴随教师的深度参与和情感联结。鉴于此，强化当前的师生情感沟通对塑造学生的数学学习情感至关重要。首先，教师需提升全面素养，塑造积极的教育者形象，以赢得学生的高度认同和亲近，通过展现对数学的深厚热爱，在课堂教学中激发学生的热情；其次，合格的数学教师应具备深厚的学科底蕴、精湛的教学技艺、多元的教学策略及创新的教育观念，同时深入了解学生的日常生活和学习动态，以便在交流中触及学生的内心，激发他们主动寻求与教师的情感沟通；最后，教师需妥善管理情绪，无论外界环境如何变迁，始终保持在数学教学中传递积极进取的精神风貌。这种正能量的态度将影响学生，使他们为教师的人格魅力所吸引，从而更愿敞开心扉，深化与教师的情感交流。

（二）加强同学之间的情感交流

在数学教育实践中，教师对于增进学生间情感互动的影响可能存在限制，但可通过策略性教学手段来激发同伴间的交流潜力。首先，教师可于授课后引入限时五分钟的课堂讨论问题，敦促学生进行小组合作，随后挑选代表进行台上分享；其次，通过邀请两位学生上台共同解析同一道题目，可在解题过程中深化他们的互动交流，从而实现数学学习与情感沟通的融合；最后，推动学生积极参与数学竞赛活动，如数学建模竞赛，以进一步拓展和强化他们之间的学术交流。

（三）加强学生与父母之间的情感交流

数学教育者在增进亲子情感沟通上固有其限制，但他们可借助与班导师的协作，利用数学课程的教学实践，适时向辅导老师求助以强化家校互动。同时，提倡辅导老师介入，直接与家长沟通，以提升家长对学生数学学习的关注度，从而推动积极的亲子情感交流。此策略有助于构建家庭与学校间的教育反馈机制，对学生的数学学习情感健康发展起到促进作用。

五、数学情感下提升数学学习意志的建议

当前，部分学生的数学学习意志力不足，这凸显了在数学教育中磨砺意志品质的紧迫

性。下文着重探讨了提升数学学习意志的策略，主要聚焦于增强学生的自我觉察与自我调控能力、培养其毅力与抗挫品质，以及提高他们的自主性和决断力这三个核心方面。

（一）培养学生的自觉性和自制性

培养学生的自我觉察与自律性至关重要，这需要教师有策略地引领他们形成高效的学习模式，并深度挖掘数学学习的本质价值。首先，在数学课堂中实施严谨的教学管理，如限制手机使用，消除迟到早退，以保障课堂教学秩序的稳定性；其次，课下应设置预习、复习及课后作业，以巩固和拓展课堂所学；最后，将目标导向和理想教育有机融入数学教学，有助于塑造学生的理想观念，进而激发其内在信念和动力，以此提升自我管理和自我驱动能力，最终逐步提高他们在数学课堂中的参与度。

（二）培养学生的坚持性和抗挫能力

在数学学习的旅程中，部分学生面临挑战时往往表现出轻易放弃的倾向，缺乏坚韧不拔的意志与应对挫败的韧性。因此，数学教育者首先要激发学生的主动性，确保设计的课堂数学活动位于大部分学生的最近发展区内，使他们在解决问题时能够达到“可及”且“可解”的状态，以此增强其数学学习的自信心；此外，教师对已完成的学习任务给予及时而恰当的肯定与激励，有助于稳固学生的自信心，进一步培育他们的毅力和抗挫能力，从而逐步提升其在数学课堂中的参与度。

（三）培养学生的独立性和果断性

部分学生在学习数学时，往往忽视自主学习环节，导致对基础概念的理解模糊，理论根基不牢固，因而面临解题与考核时表现出决策不坚定，挑选正确解答时犹豫不定，应用公式时易犯错误。针对这一现象，数学教育者宜在作业设计上强调学生独立完成，确保他们有充足的自我思考空间，以培育其自主学习的能力；教学过程中应深入讲解多元解题策略、应试技巧及公式记忆策略，以此提升学生的数学问题解决技能，巩固他们对数学核心要义的记忆，进而增强他们在应对问题时的决断力。此外，数学学习中培养出的独立思考和果断行动的习惯，有望迁移到日常生活中，对学生的人生产生长远积极影响。

六、数学情感下提升数学学科鉴赏的建议

数学学科鉴赏的构建对于培育学生的数学美学观念至关重要，它深化了个体对数学之美的理解和感知。此种鉴赏力的培养，反过来又能提升学生对数学之美的甄别与欣赏技能，进而在更高层次上塑造其数学价值体系。由此，学生的数学课堂参与度可得到持续改善，促进其学习效果的增强。

（一）培养学生的数学审美观

在数学教育中，对于美的探讨往往在课堂教学中被忽视，然而美育作为教育体系中的核心元素，其在数学教育中的作用不容忽视，对塑造学生的数学审美意识具有深远影响。教师首先应建立数学审美观念，以便在教学实践中引领学生领略数学的美感。其次，针对某些富含数学美学的课程内容，教师应精心设计教学步骤，充分揭示其中的美学内涵，使

学生在掌握数学知识的同时，能体验到数学的美学魅力。最后，实践教学中可引入数学美学相关的活动，让学生亲身体验到数学之美，进而提升他们参与数学课堂的积极性。具体策略可包括推荐学生关注数学美学的微信平台，阅读如《数学之美》《数学家的成功故事》等书籍，同时激发学生研究数学史的兴趣，共同探索数学史上的三次危机，使全班学生深入理解数学发展的壮阔历程。如此，数学将不再仅被视为冰冷的符号和公式，而是富有历史深度、人文温度、情感色彩和美学价值的学科。

（二）培养学生的数学鉴赏能力

数学鉴赏能力，基于学生对数学美学的体验和对基础知识的掌握，表现为一种欣赏数学之美的素养。首先，数学教师需自身拥有深厚的数学审美能力和鉴赏力，因此他们在授课前需充分备课，以严谨细致的态度对待每一堂课。其次，在课堂实践中，教师应积极引领学生探索数学的美感，鉴于数学审美是数学学习情感中的高层次体现，对于学生来说尤为难得，故教师的指导显得至关重要。教师可设置 3~5 分钟的思考环节，鼓励小组讨论，随后进行集体解析与归纳。最后，为了进一步培养学生的数学审美，可在高等数学课程结束后布置撰写关于数学美学的小论文任务，并在学期末选取优秀作品在课堂上分享。

（三）培养学生的数学价值观

培养学生的数学价值观对于塑造其有效的数学学习经历至关重要。首先，数学教师需秉持正确的数学观念，避免仅仅将高等数学视为应试工具，而应强调其在支撑各专业核心课程及预备未来职业发展方面的重要作用。在教学实践中，教师可引入数学史的元素，揭示数学的内在魅力。以讲解微分中值定理为例，可适时分享费马创建费马大定理的艰难历程，以及业余数学家罗尔的卓越贡献，他创立的罗尔定理，以及与拉格朗日和柯西共同发展的中值定理，彰显了数学定理背后数学家们的执着精神和不懈探索。这样的教学策略有助于逐步提升学生的课堂参与度和数学学习的积极性。

第二节　数学教学中融合其他教育的路径

一、数学教学融入德育的实现路径

（一）数学学科德育的特性

1. 数学学科德育内容的内隐性

相较于思想品德课与语文课等人文领域，数学学科的德育渗透显得较为微妙和不显眼。以语文为例，其识字、阅读、写作及口语交流等教学环节往往自然承载着深厚的德育元素，教育者常借此培育学生的道德品质。然而，数学领域的德育特性表现为内在性，如严虹在《德育内容视域下义务教育理科教科书例习题的一致性研究》所指出，数学教材的例题与习题中，隐性德育成分占据了主导地位，超过显性德育。因此，数学教育中的德育要求教师具备敏锐的洞察力，能深入探寻数学思维和问题解决过程中的德育契机。同时，教师需谨慎平衡，避免将数学课堂简单化为德育课堂，防止学生在未能获取扎实数学知识的同时，德育目标也未能有效实现。

2. 数学学科德育途径的多样性

数学教育中的道德培养策略呈现出丰富多样性。首要途径在于课堂教学，这涉及在导入阶段设置德育情境，激发学生的反思；在教学实施过程中，借助模范展示及小组互动等教学手段，同样能够融入德育元素。此外，组织各类主题的数学综合实践活动，可产生各有侧重的德育影响。教师的品德与行为起着至关重要的作用，因为他们与学生长时间相处，教师的教育理念和日常表现无形中塑造学生对道德的理解，对学生的行为习惯产生深远影响。因此，德育方式的选择必须遵循学生的身心发展规律，而教师应当深刻理解德育途径对德育成效的关键性，适时开展德育工作。

3. 数学学科德育效果的迟效性

人才培养乃是一项持久且错综复杂的事业。“百年大计，教育为本”，尤其在数学教育领域，德育的潜移默化特性加剧了其效益的后效性。鉴于数学德育深植于数学思维之中，寓于解题实践之内，而非显现在纯知识的传授上，故此，其成效不易用即时的分数或短暂的行为表现来量化。学生的数学德育成果并非在一堂课、一日或一周内显现，而是随着时间推移，在他们形成稳定的思维模式、表现出理性行为以及解决实际问题的过程中逐步彰显，故此，数学学科德育的效应具有显著的延迟性特征。

（二）数学教学中渗透德育的价值性分析

1. 科学精神与人文精神相通，促进学生的全面发展

数学兼具科学与人文双重价值，其理性内核塑造着个体的思维模式。数学教育的核心在于磨砺学生的逻辑推理能力和理性精神，正如乔治·波利亚这位著名的美籍匈牙利数学家和教育家所强调，其目标并非单纯传授数学知识点，而是孕育数学思考的方式。在领略数学历史，尤其是古代辉煌的数学成就时，能悄然激发学生的爱国情怀，提升民族自豪感。而采取小组合作研究的形式，则在提升团队协作精神的同时，教导学生学会倾听与理解，促进全面发展①。

2. 智育与德育相结合，有助于实现学科育人价值

在以考试为导向的教育体系中，学生知识积累往往被过分强调，而对德育的关注相对匮乏，导致学校教育实践中出现了明显的重智轻德倾向。在新课程改革的浪潮下，秉持立德树人的根本宗旨已成为教育领域的首要目标。广泛接受的教育观念强调德育优先，倡导全面发展。数学课程不仅要求学生掌握知识，更期望他们树立正确的学习态度和进步理念，领略数学的实用价值和文化底蕴，从而塑造适应终身成长的关键素养②。因此，数学

① 栗小妮．数学学科德育价值内涵探析［J］．教学月刊（小学版）数学，2019（11）：14-17.

② 马云鹏．《义务教育数学课程标准（2022年版）》的理念与目标解读［D］．天津：天津师范大学学报（基础教育版），2022，23（5）：1-6.

学习对于提升学生应对未来社会挑战的能力具有至关重要的作用。

3. 数学学科德育助力师生共成长

在教育实践中，教师扮演着引领者的角色，学生是教育的主体。教学活动旨在奠定学生的知识基础，同时培育其学科核心素养。在此过程中，教师亦不断积淀经验，进而提升自身的教学效能。教师若要滋养学生，自身须如源源不断的活水，充满知识与智慧。融合数学教育与道德教育，教师不仅需传授概念，更需探索将数学中的德育元素巧妙传递给学生的方法。这就要求教师灵活采用多元教学策略，既确保学生学术技能的习得，又能促进其品德修养的提升。在备课环节中，教师磨砺育人技巧，逐步形成独特的德育观念，进而在德育实践中展现教育艺术。课后，教师通过自我反省，采纳资深教师的指导，持续优化教学内容与模式，以期更有效地实现学科德育目标。

（三）德育内容融入数学教学中的对策

1. 教师方面

数学教育工作者，作为学科德育的核心推动者，肩负着策划者与引领者的双重角色，他们的效能直接影响到德育活动在数学课堂中的实施成效及学生发展。教师须坚守教育的根本宗旨，超越分数与应试的束缚，避免将教学视为提升门槛的手段，而应全心致力于培养学生的全面发展①。为了使德育理念深入数学教学实践，数学教师需要不断提升自身的德育素质与实践能力，主要可从以下五个层面进行探索与提升。

（1）树立正确的数学学科德育理念

数学教师的观念对德育的执行及其成效起到关键作用，首要任务在于教师需秉持与时代同步的数学学科德育观，着眼于学生的全面及长远发展，不断提升自身的德育素质和实践能力。作为学科德育的主导执行者，教师应当将德育理念与学科教育融为一体，深刻理解数学学科德育与独立德育课程在育人价值上的等价性，方能积极投身于数学学科德育的实践中。

首先，强化教师的德育认识至关重要。数学教育者需深刻理解数学教育中德育与知识传授的内在联系，实现“传道授业”的和谐统一，认识到德育并非孤立于教学之外，而是自然融入数学教学实践中，与知识传授相辅相成，彰显数学的独特德育功能。一方面，教师应持续更新教学理念与德育观念，准确把握学科德育的核心要义和价值，积极培养德育渗透的自觉性，持之以恒地寻找德育与数学教育的结合点。另一方面，从学生的视角出发，教师需遵循认知发展规律，秉持因材施教的德育策略，引领学生建立正确的价值观。在师生互动中，教师需真诚理解学生的思考，设身处地为学生着想，关爱并关注学生的情感体验，以此激发学生的共鸣，从而使他们自发接纳教师的影响，逐步树立健康的德育意识。

其次，教师的表率作用不容忽视。教师需深刻理解自身行为对学生产生的深远影响，积极扮演模范角色，不仅在教学活动中，更在日常交往中注重身教重于言传，如使用文明

① 黄敏．跨学科德育主题教学的困境与出路［J］．教学与管理，2018，739（18）：92-94.

语言、主动维护环境卫生等，通过自身的良好习惯和人格魅力潜移默化地实施德育。

（2）深入挖掘并合理分配德育素材

一线数学教师为深化德育素材的探索与分配，可从多角度着手：首先，基于对教材的深刻理解和转化，通过协作交流开发教科书中的德育元素，以此支持和提升新手教师在各教学阶段的德育实施能力。其次，教师应根据课堂情境适时补充德育相关的内容，如引入数学史，以激发学生的爱国情怀和坚韧不拔的探索精神，使他们理解数学家的艰辛与执着。再次，拓宽德育路径，超越课本限制，主动构建多元化的德育资源库。最后，积极寻求丰富教学资源的方法。总之，教师需探析数学教学中的德育元素，巧妙地在教学过程中体现其育人功能。这要求教师精心研读教材，深挖并有效利用德育资源，确保德育在数学知识传授中自然融入，从而使学生在获取知识的同时，丰富内心世界，感悟学习数学的深远意义。

（3）提高德育理论水平和实施能力

教育者应当深化专业素养，致力于革新和升级其德育教育观念，确立科学的数学教育德育观，同时注重培育学生的心理健康与良好的学习习惯。理念与知识的积淀是教师的基本素养，然而德育实践能力的高低则是有效执行的关键。教师需不断精进专业学习，以提高教学质量与成效，优化知识体系，增强德育实施的能力，确保数学学科德育在提升教师自身德育素质的同时，切实推动学生的全面发展。此外，教师应理解学科德育的渗透效应具有时间和效果的延迟性，需坚持不懈地进行持续渗透。

首先，教师需深度浸润于专业教育理论，提升德育意识，这要求他们精研数学课程标准，研读德育政策文本，广泛阅读教育文献以把握教育前沿动态，时刻保持对教育信息的敏锐洞察，从而提升德育的专业化水平和自身的德育素质。其次，教师应在科学教育理论的引领下进行教学实践，以有效理解学生和提炼教学规律，实现德育理念与实践的紧密结合，在实践中勇于探索和反思，不断优化德育能力和执行力，充分展现数学教育的育人功能。最后，教师应坚持以学生为中心，特别是在心理学理论的指导下，注重关注学生的内在需求而非仅仅关注分数，深入了解学生学习及生活中的困扰，及时提供援助，如此可激发更为持久的学习动力。

（4）探究数学学科德育的实施方法

德育实践方法作为沟通师生的桥梁，其选用恰当与否直接关乎德育成效与学生的健康发展。尽管数学教育相较于语文、英语等人文学科，可能缺乏直接的情感表达途径，但它凭借其固有的逻辑性和理性，同样能够激发学生的情感认知。因此，教师应致力于教学模式的多元化和教学策略的创新，发掘数学知识背后隐藏的奇妙规律和深厚文化内涵。在课堂教学中，教师可结合核心知识点，巧妙设计教学步骤，推动知识的迁移，鼓励学生积极参与讨论，勇于表达个人见解，在开放和谐的环境中锻炼他们的发散性思维能力。

教师在课堂教学中寻求适应学生的德育策略之余，课下也需持续努力，利用闲暇时间积极与同行交流，促进思想交融，激发创新灵感。汲取同行在教学实践中积累的德育经验有助于避免不必要的摸索。尽管许多教师认识到将德育融入数学教育的重要性，然而，常因日常工作的繁重和个人能力限制而感到力不从心，对于如何实施高效简洁的德育策略感到困惑。因此，定期举办德育方法交流研讨会不失为一种良策，教师可分享在数学教育中提炼出的德育实践经验，结合班级学生的特性和接受能力，优化德育手段并丰富教学手段。值得注意的是，教学活动本质上是个性化的创造性过程，德育策略也应灵活多变，不宜机械照搬他人的教学模式。教师需理解因材施教的原则，依据自身的教学特色和学生的身心发展规律，构建符合自身及班级特点的德育实施路径，以实现德育效能的最大化。

(5) 注重课堂教学评价的积极导向

传统的评估模式过于依赖分数，倾向于单凭学业成就区分学生优劣，这往往阻碍了学生的全面发展。因此，教育工作者亟须革新课堂评价体系，以充分发挥其激励和促进的功能。教学评价并非瞬时性的定性分析，而是一个需要教师与学生长期互动，通过深入理解学生的思想行为，实施专业、公正且实事求是的全面评价过程。在这一探讨中，我们将评价主体划分为教师和学生，首先关注的是教师对学生进行评价的方面，主要从以下若干方面进行深入探讨。

首先，秉持积极的评价取向，以发挥教育评价的建设性功能。教师宜倾向于运用激励性和形成性评价手段，在教学实践中聚焦学生的学程而非学业成就，全力提振学生的自尊心与学习主动性，进而协助他们设定适宜的学习目标，并诱导其为实现目标付出不懈努力。教师亦须善用每一次指导与评价的契机，当学生遭遇困境或挫败时，充分发挥评价的调节和导向功效，引导学生正确理解原因，明确自身短板，从而使他们能适时调整学习态度或策略，借助反馈信息激发内在学习动力。

其次，教师的评估应当秉持公正客观的原则，全方位考量学生的表现。在评价过程中，教师需多维度观察学生的学习行为，实施有的放矢的反馈，确保评价内容翔实且具有建设性。既应赞赏诸如主动维护环境卫生、乐于助人、显著进步和课堂积极参与等积极行为，以确认和强化这些良好表现，同时也应及时指出需要改进之处，充分发挥评价的导向和调整功能。这样的评价策略有助于促进学生从外部约束向自我管理的转变，进而培养其良好的行为规范，并激发他们更为主动地投身于学习活动中。

最后，教师在课堂教学中应重视动态评价策略的应用。任何课堂上的偶发事件均可转化为宝贵的教育瞬间，因此，教师需提升道德教育智慧，及时抓住这些时机对学生实施有的放矢的评价，进而达成知识教育与道德教育的双重目标。课堂评价具有双向性，既可激励，也可能挫伤学生，故教师应积极运用建设性反馈，减少可能损害学生自尊心的负面评价。面对突发状况，教师需秉持艺术性和方法论，以公正平等的态度对待所有学生，不偏袒任何一方，深入了解事件背景及经过，从学生的视角审视问题。在巧妙地化解冲突的同时，也要引导学生进行自我反思，以增强道德教育的渗透力。

2. 学校方面

教育机构作为德育的核心场所，学科教育在促进品德养成中发挥着不可或缺的作用，而学段划分则对学生的认知发展起到决定性影响。因此，各级学校与教师都应强化德育实践，旨在培育符合时代需求的高素质个体。为确保德育的主导地位，学校需构建完善的德育实施制度框架，将制度规定细致落实至德育的各个层面，将德育融入教师的教学评估机制，实现教学评价与德育执行的整合。同时，规范并强化教师的德育培训，为教师提供必要的德育实施支持与指导。

（1）基于本校特色营造浓厚的德育氛围

校园文化建设应当致力于构建鲜明的校园文化情境，以学校独特性为依托，设计并推行德育教育策略，塑造富有人文精神的德育环境。置身于这样的德育环境中，学生更倾向于主动参与各类德育活动，有助于持续回应他们不断提升的精神需求，进而培育出积极进取的学风与校风。同时，学校应充分利用自身特点，创造具有时代印记的教学情境，通过在校园各处设置德育资源，让学生无时无刻不在德育的潜移默化中成长，如此，学生将持续深入地受到德育的熏陶，确保德育影响的连贯性，有效促进其德育认知和行为习惯的正向发展。

（2）重视学科德育并加强教师培训工作

构建高质量的德育师资团队对于提升学科德育成效至关重要，其中，数学教师作为数学教育中的德育承载者，其作用尤为关键，他们决定了德育理念能否顺利内化于日常教学之中。强化教师德育培训是学校推进学科德育工作的先决条件和稳固基石。

首先，学校可定期举办校内研讨会，鼓励数学教师分享德育实践经验，特别针对新入职教师所面临的德育挑战，鼓励他们提出问题，通过集体智慧解惑，借鉴资深教师的德育策略，反思并优化自身的德育实施策略。在集体备课环节，数学教师群体应共同探索德育融入教学的关键点，深入挖掘教材中的德育元素，同时利用网络资源和社会热点，以适应班级实际需求的方式开展德育活动，及时进行效果评估与经验提炼。其次，提倡新手教师参与跨校的观摩和研修，通过实地学习获取更多实用的德育手段和前沿的德育理念。现场教学观摩相比虚拟案例更具现实感和直观性，有助于新手教师汲取精华，创新性地融入个人教学实践中，持续推动德育工作的活力与自我提升。最后，学校应采取多元化的培训模式，借助互联网及多媒体技术革新培训平台，线上线下融合，充分发挥新媒体技术在德育教学中的辅助作用，革新传统德育模式，为教师的专业德育发展提供强有力的技术支持。

（3）开展数学活动丰富学科德育的形式

数学教育不应仅限于正规课堂，而应通过课外活动加以拓展，以提升学生的校园体验。举办“数学节”是一个有效途径，可根据不同年级学生的知识水平和教学主题设计竞赛，旨在促进学生的团队协作精神和实践技能。此外，利用爱国主义教育场所及校外实践平台，学校可策划一系列主题活动，借由与传统节日或历史事件的结合，实施具有针对性的德育教育，并强调其在现实生活中的应用。除了这些定制的数学活动外，学校还可举办讲座，邀请杰出的数学家分享他们的成就和奋斗历程，激发学生对数学学习的热情和毅力；同时鼓励进步显著的学生分享学习策略，发挥示范引领的作用。教师可引导学生关注数学问题中蕴含的节能减排议题，结合教材中的节约理念，联系学生的生活实际，让学生在思考过程中自然而然地接受德育熏陶。

（4）完善德育制度建设和教学评价体系

学校应当公正准确地衡量教师的教学效能与德育实施能力，激励全体学科教师致力于成为优秀教育者，同时增进教师的教学满足感。建立和完善教师评价制度，打造新型学科教师育人框架，以实现教师队伍管理的高效性和科学性，这是各校面临的使命。学校高层及管理者需对当前教师队伍的状况作出精准评估，并前瞻性地规划师资队伍的发展路径。他们应积极推动教师强化在数学课堂中融入德育的意识，并提供定制化的德育培训支持，确保每位数学教师都能担当起学校德育工作的重任。

二、数学教学融入美育的实现路径

（一）数学美育教学资源开发与实施模式的多元建构

1. 整体行动框架

在操作层面，数学美育教学资源的开发与实践可划分为四个层次。首先，外围层是学校的支撑，包括物质教育资源、教学环境以及精神鼓励，这些构成了各类教学活动有效进行的基础，同时也是教师专业发展和学生成长的基石。其次，中间层涉及教师的角色，他们既是美育资源的创新者，又是教学理念的实践者，主导着整个资源开发与实施的过程。再次，内围层聚焦学生的参与，通过感知数学之雅、理解数学之美、享受数学之妙以及历练数学之思，学生在美育活动中占据主体地位，同时也是美育实施的关键对象，没有学生的互动，资源开发便失去了意义。最后，核心层是数学美育的教学目标，旨在提升数学审美素养、促进跨学科学习能力、激发创新意识以及实现数学思维的质变。这四个层次环环相扣，互相依存，逐步深入，共同致力于提升学生的综合素养（见图 5-1）。

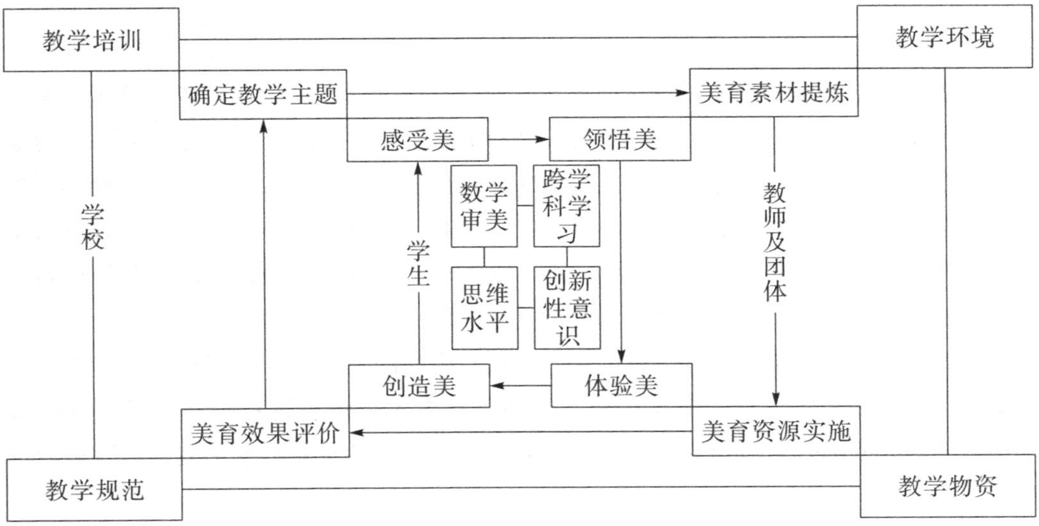

图 5-1　行动层次框架

资源开发与实施的过程可划分为四个相互交织的阶段：理论学习、资源开发、资源实施及评价反思。此流程非线性推进，而是依据资源共享、互动协作、独立思考和持续发展的四大原则，形成双向互动和迭代循环。教师作为主导角色贯穿始终，但在各阶段其活动焦点各有偏重。理论学习阶段，教师通过文献研读、校内理论培训和高校访问，侧重提升个体的批判思考能力。资源开发阶段，遵循共商原则，教师群体在独立思考后共同参与讨论，确定教学主题，整合美育素材，精心挑选教育资源。进入资源实施阶段，师生成为行动核心，教师通过精心设计的数学美育教学，潜移默化地传播数学之美，以实现育人的目标。最后，在评价反思阶段，体现发展性原则的重要性，教师个人需对教学效果进行深度反思，评估目标达成情况，探索教学成果的更新途径，并提出改进策略。

2. 理论学习阶段模式阐释

在理论研习阶段，教师需积累美育的理论基础，此阶段强调个体的深入探究与反思。然而，学习途径可多元化，如通过研读数学美育的学术文献，参与数学美育的专题讲座，进阶深造于高等教育机构，开展跨校学术交流，乃至躬耕于论文撰著等有效方法。

在推进数学美育教学的实践过程中，教师的首要任务是深化对数学美学本质的理解，以奠定教学成功的基础。目前部分教师对数学美的领悟尚停留在表面，亟须突破这一认知局限。教师在探究数学美之内涵与层次后，应摒弃将美育简单视为政策响应的观念，转而深入探讨数学美育的实质及其对学生全面发展的积极推动作用。这种观念的转变至关重要，唯有教师从内心认同数学美育的价值，方能有效地实施美育教学。此外，教师的教育理念需与数学美育理念相统一，如此才能更好地领会并运用文献中的教学原则和策略，这是实现美育目标的关键步骤。丰富的教学实践经验有助于提高课堂效率，加速学生知识的获取，而坚实的理论根基则能使教师的教学保持创新，确保教育之路持久稳固。理论学习不仅是美育资源开发前期的准备，而且是教师职业生涯持续不断的过程。

3. 资源开发阶段模式阐释

（1）开发流程

数学美育教学资源的开发可概括为素材的前期探索与后期整合两阶段。首先，素材的发掘、积累与精练至关重要，要求开发者具备深刻的洞察力和精准的甄别力。在初期阶段，对数学之美的探究不应停留在表面，而应深入剖析其内含的人文价值，追溯其历史渊源，梳理演进脉络，并探讨其与其他学科的互动关系。在这一过程中，需精确理解数学美的本质，审慎选取具有教育意义的实例，适时在教学中融入数学美，同时以辩证视角反思其教育功能，以期引领学生全面理解和传承数学的深层文化意义。

完成美育素材的搜集、提炼与整合之后，教师面临的关键任务是将精心设计的数学美育教学实例转化为切实可行的课程内容。此环节要求对案例进行系统性的排序和分级构建，将离散的开发实例有机串联，形成层次分明、与学科教学内容紧密契合的完整教学资料体系。

（2）开发主体

数学美育教学资源的建构主体包括个体教师与协作团队两个方面。个体教师的贡献居于首位，其对美育资源的独到发掘与深入投入，不仅强化了个人专业素养，亦在团队互动中展现出更为集中的关注和丰硕的学习成果。参照群体动力学原理，团队环境显著塑造个体行为模式，教师团队通过集体智慧，对特定主题进行深度探索，汇集多元审美视角，从而构建出内容丰富的美育素材库。

（3）开发途径

随着信息技术的飞速进步，数学美育教学资源的开发途径日益多样化，为教育实践开辟了新的可能。传统的策略往往依赖研读文献资料，以提炼符合各学段学生需求的审美教育内容。然而，伴随着短视频平台的兴起，各领域创作者纷繁多样的高质量内容层出不穷，其中包括不少数学知识的呈现，这些素材可作为教师的教学参考资料。然而，教师需精心筛选与整合这些视频资源，以保证所传授的数学知识既准确又富有教育意义。在众多资源开发途径中，学生生成性资源往往被低估，实际上，学生在课堂互动中的反馈是无价的教学财富，它生动体现了当前教育环境下的教学效果。无论是正解还是误识，教师收集到的学生对数学学习的思考，经过系统的梳理和分类，都能够转化为极具价值的教学素材。

4. 资源实施阶段模式阐释

（1）资源实施阶段模式阐释

数学课堂作为塑造和提升学生数学核心素养的关键场所，教师在其中展现数学的美学价值显得至关重要，从而使其成为美育融入教学的核心途径。在教学实践中，教师应深入探寻数学美的本质，遵循探究式学习的科学原则，设计出连贯的问题串，引导学生亲身体验数学的美感。同时，利用数形结合这一基本的数学思维方法，以数释形，以形促数，既能破解复杂的数学问题，也能揭示数学的内在魅力。总结而言，教师需巧妙展现数学美学，以点燃学生的求知热情；适时渗透美学元素，以丰富学生的思维层次；勇于创新数学之美，以培育学生的创新意识。

（2）课外实施

教育者应当致力于不仅限于课堂内的数学知识传授，更应强调知识在现实生活中的应用。为此，可以设计富有探究性的数学课外活动或创新性的实践作业，激发学生深入探索并勇于创造。

全面发展的人才培育框架内，五育各具特色且不可或缺，彼此间相辅相成。故而，运用德育、智育、体育和劳育来助推数学美育的发展不失为一种有效的策略。首先，德育作为教育的基石，通过提升学生的道德素养，熏陶其数学审美情操，实现以德润美；其次，智育为基础认知能力的提升，它决定了美育的进程，通过智育学习，学生能积累丰富的数学知识，进而提升鉴赏、表达和创新数学美的本领；再次，健康的体魄为创造美提供了物质保障，使美的体验成为可能；最后，劳动教育则为美的呈现与转化提供路径，使精妙的数学成就得以实践应用。

5. 评价反思阶段模式阐释

美育教学资源的构建与应用流程，涵盖了教师的理论积淀、素材的探索创新以及教学实践的实施，然而，这一系列步骤并未终止于实践阶段，评价反馈环节是不可或缺的收尾工作。无论是资源创建还是模式构建，评估环节在任何开发流程中都扮演着至关重要的角色。精心研发的数学美育资源唯有经过学生、教育者及专家的审慎评价，方能确证其实效，并获取改进的有益反馈。教师的教学反思可围绕一系列问题展开：①教学目标是否有效实现？②课堂环境如何？③孕育了哪些生成性教育资源？④美育教学成果怎样？⑤如何优化美育资源？⑥是否具备成为示范课例的潜力？可见，评价反思的观念并非仅存在于最终阶段，而是自始至终渗透于整个研究与开发过程之中。

（二）数学教学中美育渗透的对策思考

1. 提升教师审美素养，树立审美化的教学理念

在教育过程中，学生不仅通过教师的传授习得知识，更在潜移默化中受其行为风范的熏陶。为了有效地培育学生的数学审美，教师需自身拥有深厚的数学造诣、高雅的审美品位，以及能识别、提炼和传达美的卓越能力。此外，创新的教学策略与情感教育的娴熟运用同样不可或缺。唯有如此，才能真正做到培养具备数学美感的学生，使他们得以在数学的世界里自由探索，体验数学的乐趣与成就，深刻领略其内在的美妙和魅力。

教师需深化专业领域的知识探索，持之以恒地提升自我文化修养，以在审美体验中达成持续的提升。致力于专业知识的增进与文化素质的累积，是教师确保在审美领域不断精进的关键。教师对美的理解和洞察力的缺失，将削弱其审美能力，进而影响到有效实施审美教育的能力。唯有通过不懈学习，教师方能提升审美鉴赏与创新能力，从而对学生产生深远的吸引力。同时，积极参与审美实践对于教师同样不可或缺。参照马斯洛的需求层次理论，审美教育在满足学生的高级精神需求的同时，也彰显了其社会情感层面的价值。通过审美实践，人们得以领悟美的内在力量，从而促进精神境界的升华。

教师需拥有坚实的审美心理学基础及出众的审美素养，这使他们能敏捷地感知美、深入地诠释美，并在教育教学实践中促进审美积淀与升华。在课堂情境中，教师需巧妙传递情感，运用语言韵律变化，搭配生动的表情和得体的举止。唯有教师本人对美抱有热忱追求，方能深刻洞察美育的内在价值，进而领悟审美教育的核心意义，并树立以审美为导向的教学哲学。以此为根基，教师应设计多元化的审美实践活动，为学生营造丰富的精神滋养环境，以涵养他们的情感世界，系统性地增强其审美鉴赏力。这种教育模式对学生的全面发展具有积极推动作用，有助于达成教育的根本目标。

2. 激励学生提升审美素养，提高审美能力

生活中美无处不在，只是我们缺少洞察美的慧眼。数学，这一融入日常的学科，其理论体系内蕴藏着丰富的美学概念。然而，初级阶段的数学教育，由于其特有的抽象性和严谨性，其美学魅力并不像传统艺术那样直观易感。不少学生的认知框架里，数学常常被定位为抽象且单调的领域。加之他们的审美观念尚在形成之中，鉴赏美的能力尚待提升，故此，领略数学深层的美显得尤为困难。

为培养学生对数学之美的深层理解和鉴赏力，进而提高其审美素养，教育工作者需悉心挖掘数学知识中的美学要素，创造一个充满美感的教学氛围。在此过程中，师生共同剖

析数学美育的精髓，让学生通过自我学习、团队协作研究及独立解决问题，感受数学基本概念所体现的语言优雅、简洁、对称以及自然之美，领略数学基础知识结构所展示的统一、形式、对称和和谐之妙，并体悟解题策略中的和谐、奇特和精练之美。唯有让学生在实践中亲手触摸数学的美，并在教师的激励和指导下，才能真正实现提升学生审美能力的目标。

3. 完善美育视角下的教学体系和课堂评价机制

在追求数学教育的美学效能时，教学目标的设定应严格遵循课程标准，旨在通过数学学习使学生深刻领略数学的多元价值，这涵盖科学性、实用性、文化内涵以及美学维度。故此，教师在设计教学目标时，除需聚焦关键概念与难题外，亦需艺术性地嵌入美育元素，确保美育目标与其他教育目标相辅相成，达到协同效应。唯有如此，各个教学目标方能共同编织出一个立体、均衡且有条不紊的教学架构。

数学教育中的美育目标设定，理应依据实际教学情境，充分考量学生的心理与生理成长阶段以及独特的审美诉求。在制定美育目标的过程中，教师既要恪守课程标准的要求，又需兼顾个案教学的特点。值得注意的是，美育目标的数量并非量化指标，教师应依教学内容的特性灵活设定。在教学实践中，教师应对教学目标的实现状况进行深度反思，并对学生成长及课堂活动的各个方面进行全面评估。通过持续的经验积累与教学策略优化，逐步构建起一套适应数学美育教学的高效模式。这一模式的建立对于提升学生的审美素养，推动其全面发展具有积极意义。在数学教育中，教师应当善用艺术教育资源，探索数学与艺术教育的深度融合，将日常生活中的数学美感分解为多元要素融入课堂教学，并注重与学生的有效沟通和互动，依据学生的反馈不断优化以美育为导向的教学策略，最终构建出一套能有效提升学生审美能力的教学体系。

（三）数学教学中美育渗透的实施策略

美育的实施应当兼顾量化扩展与质量提高。随着教育改革的深入，教师需积极革新教学观念，主动探索将美育内化于数学教育的途径，以期提高学生的审美素质，进而推动其全面成长。

1. 激发学习动机，注重情感体验

鉴于数学学科特有的抽象性、逻辑严密性，相较于其他科目，其学习过程往往显得更为单调且挑战性大。这便要求学生在学习过程中需充分发挥逻辑推理能力，进行深度思考。传统的单向传授模式已难以适应这一需求。在某些数学教学场景，如习题解答和拓展探究，学生往往被定位为被动的接受者，仅仅服从教师的指导和讲解，缺乏自主探究和创新思维的空间。此种刻板的教学模式不仅束缚了学生的潜能发掘，亦与教育的本质和宗旨相悖。故此，教学方法亟待重新评估与革新，以期让学生真正主宰课堂，释放其主观能动性和创新精神，从而更有效地达成教育目标。

学习本质上是一种自觉行为，其持久性有赖于有效的学习动因。外部的激励与支持至关重要，它们能激发并维持学习的内在驱动力，从而实现学习效率的提高。在教学情境中，学生占据主体地位，唯有当他们对数学学习抱持积极态度，自发地接纳数学知识，才能更深层次地领略数学的魅力。

2. 挖掘美育元素，注重审美教学

在数学教育领域，数学美学被公认为一种关键的教学动力，对增强学生的数学理解力和知识吸收能力展现出显著的影响力。教师可借助数学的和谐特性，引导学生探索和比较各类数学概念间的内在联系，以构造逻辑严谨的知识框架和问题解决方法。这种方法既能缓解学生的学习负担，又能有效提高学习效能，对提高数学教育质量产生积极影响。数学美学的生动性和直观性不仅有助于深化学生的数学思维，促进知识的领悟，还有助于塑造他们的审美素养。因此，加强学生的数学审美教育至关重要，要培养他们敏锐的审美洞察力，使他们能洞察并欣赏数学的美感，进而点燃他们的学习热情，形成独立的审美评价能力。

数学教科书承载着丰富的美育资源，其内容涵盖图形与几何、函数理论、数学史等多个学科分支。几何图形部分，以字母表征数值，彰显出数学的精练之美；圆锥曲线如椭圆，体现出对称与和谐的美学概念，多样化的解题策略则揭示了数学的奇妙魅力。正余弦定理等公式中的和谐性，进一步凸显数学的内在美；数学史上的里程碑事件则触动我们的情感，感受数学的人文之美；实际问题的应用背景使数学的现实意义得以显现，传达真实之美。逻辑严谨的概念证明过程，使我们深化对数学之美的洞察；习题的变化形式和内容的扩展，又展现出数学思想的深奥之美。在教学实践中，教师的语言艺术、多媒体辅助及板书设计，皆能潜移默化地提升学生的审美体验，助其在学习旅程中更好地领悟数学的韵味。尽管教材中蕴含诸多美育元素，但其潜在价值尚未充分显现，且需适应时代发展，进行更有效的呈现。

因而，教师在教学设计中应当悉心探索并选取那些能激发学生兴趣或与他们生活经验相契合的美学要素，以有效捕获学生的关注。采用时代前沿的教学材料有助于学生建立起数学与日常生活之间的桥梁，以及新知识与既有知识之间的关联，从而促进他们自我构建起独特的知识经验架构。

3. 选用信息技术，注重审美环境

教学环境在提高教学质量中扮演着至关重要的角色。研究表明，杂乱且喧闹的教学环境可能导致师生产生厌烦、压抑甚至身心不适的情绪，从而对教学成效产生不利影响。相反，一个井然有序的教室环境有助于维持师生的愉快心境，激发他们的教学与学习热情，从而促进教学任务的有效完成。因此，构建优质的教学环境是增进教学效果不可或缺的策略。美观的课堂氛围，如励志标语的布置、多媒体及教具的恰当运用、教室内的绿色植物，不仅有助于学生迅速集中注意力，保持愉快的学习情绪，而且对于培养学生的健康心理状态也大有裨益。在具体的教学实践中，教师需依据课程标准和实际需求灵活选用多媒体技术，营造审美教学情境，以期达到最佳教学效益。在数学教学中，多媒体技术作为主要辅助手段，教师应积极融入审美元素，利用实物、模型、图形及多媒体等直观教学资源，设计启发性强的数学活动，以此点燃学生对数学学习的热情。唯有让学生亲自参与、主动探究并深刻体验数学知识的形成、发展及其应用过程，方能真正领略数学内在的韵律与规律。

三、数学教学融入劳动教育的实现路径

（一）教育行政部门层面的实现路径

1. 组织数学教师开展劳动教育相关培训

劳动教育在当今教育体系中占据核心地位，其理念塑造了我们对未来一代新人的期待。作为促进学生全面发展的关键要素，劳动教育在当下的教育格局中显得尤为关键。鉴于此，通过整合学科课程实施劳动教育的教学模式成为一种高效且资源优化的选择。然而，对于缺乏劳动教育实践经验的数学教师而言，这种融合教学模式的实施无疑带来了显著的困难。在此背景下，教育行政管理部门应当迅速推出定向的培养策略，以支持教师提升劳动教育能力。这些由行政部门主导的培训及教学标准，既应起到规范作用，又应激发教师的积极性，促使数学教师能够积极参与劳动教育实践，增强他们对劳动教育的理解，进而影响其教学行为。因此，强化对数学教师劳动教育能力的培训力度显得至关重要。

可考虑邀请劳动教育领域的权威专家为数学教师举办专题研讨会，以系统地指导他们理解和诠释劳动教育相关政策，以此有效应对数学教师在劳动教育观念和实践能力上的挑战，解答他们的困惑，进而推动教师劳动教育专业技能的成长。此外，应强调劳动教育对培养数学核心素养的深远影响，使教师对此有更为深入的理解。鉴于多数数学教师日常教学任务繁重，除了寒暑假外难以安排长期集中培训，教育管理部门应当利用现代信息技术手段，开展线上教学培训，使教师能在课余时间灵活地进行自我提升，这种适应教师实际需求的培训模式将更受欢迎。无论是实体研修还是在线学习，核心目标均在于强化教师的劳动教育意识，促进劳动教育与数学教学的深度融合。

2. 开展数学与劳育融合教学的研讨活动

学生的全面发展，尤其是劳动素质，对个体未来成长起着决定性作用。劳动教育的整合式教学模式在当前教育改革背景下显得至关重要，国家政策明确规定，各科教师需依托学科特性，在教育教学实践中积极探索融合教学。教师的教育观念，作为教育实施者的核心素养，对学生产生深远影响。在科技日新月异的新时代，教育创新持续演进，以往被视为次要的学科逐渐受到重视。五育并举的理念提出，以及全方位育人的目标设定，预示着学科课程将趋向融合，学科间的壁垒将被淡化，更加注重对学生综合素质的全面提升。

劳动教育与数学教学的深度融合研究活动有助于数学教师深化理解跨学科教学思想，并增强其实践能力。为达成教育愿景，教育管理部门需及时推广融合教学理念，促使教师不断更新知识体系，拓宽教育视角，超越单一学科界限。实践证明，让数学教师在教研活动中亲身体验融合教学对提高数学教学质量的积极影响，是有效传播这一理念的策略，能激发他们投身劳动教育融合教学的热情。此外，定期举办的教学研讨活动使教师有机会发

现自身教学短板，在互动交流中增进数学专业素养，进而提升他们在教学中整合劳动教育的能力。同时，设立专门评估团队，通过教学展示及评课等手段，推动教师能力的全面发展，使他们在理论学习之余，能将所学付诸实践，从而增强劳动教育融合教学的实际操作能力。

（二）学校层面的实现路径

1. 为数学教学提供更丰富的教育资源

教育机构应致力于提升教育资源多样性，以确保数学教师能够有效地整合劳动教育于教学实践中，从而获得充足的资源支持。在资源配置层面，不应仅限于数学学科的基本设施，而是需要拓展到劳动教育所需的特定场所和教学工具。至于教学研究活动，学校需加大人力投入，积极推动融合教学的研讨与探索。

首先，各学校应因地制宜创设开放性的教学环境。在数学教育中融合劳动教育，实践活动至关重要，而仅依赖传统的室内课堂难以满足此需求。因此，具备条件的学校应当为教师打造专门的活动空间，以促进实践教学的实施。例如，可开辟微型种植园，使学生在实际测量土地面积的过程中学习，通过参与种植活动理解植树问题中间距与作物数量的数学联系；同时，通过对植物生长周期的观察，锻炼他们数据整理和表达的技能。

其次，优化师资队伍至关重要。有必要通过合理的薪酬策略以吸纳并保留高质量的教师资源，从而维持教师专业素质的均衡发展。学校可与上级教育管理机构合作，设计针对杰出教师的补助措施，以提高其经济待遇，确保那些在学术领域有所建树或教学实践中表现出色的优秀教师得以留任。如此一来，每个教育阶段都能拥有引领教师团队进行融合教育研究的领军人物。

2. 组织实践性较强的校内外特色活动

在数学教育中，强调实践操作与应用能力的锻炼，而劳动教育亦依赖实践活动达成教育宗旨。故此，为了有效地整合数学与劳动教育，学校应当设计并实施具有特色的活动，创造条件让学生充分运用数学知识，亲身体验劳动的价值。实现这一目标的策略可从校内创新、利用社会资源以及推动家庭合作等多维度展开。

在校方视角下，可推行校园劳动教育日，以实践活动促进学生数学知识的迁移与应用能力的提升。在精心策划的“劳动日”里，设置荣誉表彰以提振学生的参与热情，此类积极竞争的活动也有助于培养学生的团队协作精神。此外，教师在与学生共度劳动时光的同时，能引导他们恰当地运用数学原理，既强化了课堂教学效果，也充分彰显了劳动实践活动的教育价值。

从社会层面考量，教育机构应当超越校园边界，发掘并整合社会资源以促进融合教育。具体实例包括与社区协作开展服务项目，如街道清洁等，此类活动需学校与当地社区建立合作关系，在社区的协助下实施教育活动。社区内的清洁工作为学生提供了实践时间管理、追求效率优化的实际场景，这与数学中的优化理念相契合。此外，实践基地为学生提供了专业劳动指导，尽管这类实践机会可能受限且教师的介入程度受基地条件制约，但其对巩固数学概念及提升问题解决能力的教育价值不容忽视。

在家庭视角下，学校需携手家长，充分利用日常生活中的教育资源，旨在为学生创造更多家庭环境中的实践场景，以巩固他们在数学课堂上的理论学习。这种家庭教育资源的整合有助于推动劳动教育的深度融合。此外，举办家校共建活动，例如校园慈善义卖，可邀请学生和家长共襄盛举，参与其中的劳动过程，这不仅能够提升学生的计算技巧，培养他们的数量意识和数学直觉，同时也使他们能切身领悟到劳动的价值。同样，集体植树活动也是有效的教学手段，它直观地促进了学生对数学中植树问题的实际理解和掌握。

（三）教师层面的实现路径

1. 加强数学教材深入研读与分析的能力

数学教育工作者应当深化对教科书的研究工作，涵盖学生课本与教师指南的全面剖析，以探寻其中蕴含的劳动教育素材，进而推动教学融合的实践。值得注意的是，许多数学教材设计了丰富的生活情境及问题，教师在课堂教学中应充分利用这些教育资源，实施融合教学策略，以此促进学生对数学概念的掌握和抽象知识的理解，同时辅助建立相应的数学模型。

为增进教材的深入理解和剖析能力，教师首要的任务是持之以恒地进行阅读。阅读有助于教师紧跟时代脉搏，同时丰富其知识结构。在选择阅读材料时，不应局限于本学科领域，应广泛涉猎其他学科及教育部发布的关键文献，包含既有高度专业性又兼顾个人发展提升的各类书籍。这样的广泛阅读策略，既能强化数学教师的专业素养，又能滋养他们的文化修养，进而使他们更有效地发掘数学教材中的劳动教育元素。

参与集体研读活动是提升教师能力的有效途径，尤其是校内的教师协作研读。鉴于各教师独特的思维模式和教学风格，他们在解读教材时所选取的角度各有千秋。这种多样性在集体研读的互动中，有助于数学教师发现原先未察觉的劳动教育元素，从而充实和拓宽研读的深度与广度。

2. 提升数学教师与其他教师合作的意识

五育并举的教育理念，揭示了各学科之间不再孤立的事实，转而呈现出相互渗透的特性。鉴于此，数学教育者在设计教学方案时，不应局限于数学本身的界限，而应追求全方位育人和跨学科的教学模式。数学教师需拥有广泛的学科学识，这需要不同学科教师之间紧密协作，共同提升融合教学的能力，唯有如此，方能更有效地实现教育目标。

数学教育者需精进自身的专业数学素养，持续优化更新学科知识架构。在此基础上，跨学科的互动沟通至关重要，它能促进对其他领域知识的探索与理解，进而丰富个人的知识版图。因此，教师间协同合作的理念认同，是实现学科融合教学的关键前提。

共识的形成之后，关键在于多学科教师协同设计教育蓝图及共享成长愿景，以巩固团队的向心力。例如，学校推行数学与劳动教育的整合课程模式，促使数学教师与劳动教育教师形成一致的培养目标；在语文教师兼负劳动教育职责的情境下，数学教师亦可积极与语文教师深化交流。此种互动不仅强化了同科教师间的协作，更构建了跨学科教师间的紧密纽带。通过持续的交流与学习，能够最终实现教育成效的最大化。

诚然，教育机构应当构建跨学科的教学合作框架，以促进教师间的持续学习。鉴于许多数学教师常常承担多重职责，包括繁重的教学任务和可能的行政职务，如班主任，他们往往难以找到充裕的时间与同行深度切磋。因此，建立一个互动式的共享平台显得尤为必要。教师能随时随地发布个人的教学洞察和体验，自主安排学习，有效地解决了时间协调的难题，增强了交流的灵活性。

3. 从实践角度入手进行作业的优化设计

作业设计作为教育教学流程中的关键要素，时常遭遇忽视，然而其对教育质量和育人功能的影响不容小觑。因此，教师在教学准备阶段应对作业设计投入更多精力，力求挖掘并发挥作业的全面育人潜力，以优质的作业设计切实提升教育成效。

课后作业作为教师教育活动的延伸部分，旨在评估并提升教学成效。因此，教师在设定作业时需兼顾学生个体差异与课程目标，巧妙运用融合教学理念，制定出与之相符的作业方案，以期不仅巩固学生所学，更能培育其劳动素质。设计作业时，应紧密围绕数学学科核心，依据学生的理解水平来规划实践活动，确保这些任务能在学生的自主努力下得以妥善完成，从而助推他们的全面发展。

（四）家长层面的实现路径

1. 及时更新新课改所提出的教育观念

在推进数学与劳动教育一体化教学的过程中，首要任务是建立学校与家庭的共识。值得注意的是，不少家长倾向于片面追求学生的学业成绩，而对实践能力的培育缺乏足够重视。因此，学校在探索融合教学模式之际，需要开展家长的思想引导工作，强调劳动教育对于学生全面发展的重要性以及融合教学的紧迫性，以此转变家长的保守观念，促使他们认同教育的全面价值。这样的举措不仅有助于家长教育理念的更新，也将对学生的成长产生积极的促进作用。故此，在实施融合教学实践中，对家长教育观念的引导不应被忽视。

家长应当理解与数学教师建立深度沟通的必要性，不应仅限于与班主任的互动，因为每个学科都有其独特性与重要性。尤其是数学这门实践导向性强的科目，家长的参与度和与教师的同步至关重要，如此才能避免学生在校学习与家庭辅导之间可能出现的断层，从而保障教学成效的准确性和一致性。

2. 主动参与学生的实践教育工作

正如谚语所言，环境造就人，与何人相伴，往往决定个人发展走向。这凸显了榜样影响力之深远，置身于积极榜样之中，学生倾向于模仿其优良品质。鉴于此，推进融合教学的实施，家长的角色至关重要，他们应当积极参与学生的教育过程，发挥引导作用。

在家庭教育的范畴内，父母需率先垂范，转变守旧的教育理念。他们需深刻理解劳动教育与学科知识学习同等重要，提倡孩子参与更多结合教学的实践操作，因为这种将数学知识应用于实际的能力对孩子的成长至关重要。不应过度专注于应试教育，而应以长远视角看待孩子的成长，积极引导孩子参与各类家务活动。家长在此过程中，应如同教师一般，扮演榜样角色，与孩子共同参与实践活动。融合教学模式不仅能揭示孩子的能力与成长，增进亲子间的家庭情感联系，而且使家庭成为劳动教育不可或缺的阵地，弥补学校教育在劳动实践方面的不足。家务劳动不仅是技能训练的平台，更是塑造孩子的劳动精神、态度和习惯的关键途径。通过持续的家务活动，孩子能提升生活自立能力，增强责任感，同时也体会到劳动的价值和意义。此时，家长的劳动观念对塑造孩子的劳动认知起着决定性的影响。鉴于学校和家庭在孩子生活中的核心地位，数学与劳动教育的融合教学策略需要双方共同努力，形成合力，以推动其深入发展。

此外，家长应当秉持理解与支持的态度，积极配合数学教师的教学策略，通过增强与教师的交流互动，尤其在面对教师所设定的实践性作业时，应鼓励并监督孩子自主完成。家长应及时向教师提供反馈，确保教师能迅速掌握学生的学习动态，从而能够适时地优化教学安排。

第三节　数学教学中的人工智能技术路径

一、人工智能技术对数学教学的影响

相较于常规教学方法，人工智能在数学教学领域的整合，可为教师与学生带来更为强大且高效的教与学辅助手段。

“智能教育”理念强调满足学生实质性的需求，以激发其内在的学习动力。人工智能技术通过创造生动多样的呈现形式，有效提升学生在课堂中的主动参与度。例如，运用希沃白板、智慧笔、动态动画、几何画板和万彩动画等智能应用，能够促进课堂互动、数据解析、图像创作及动画设计，从而推动课堂探索并显现出学生的思维进程。此外，结合AR、VR和MR技术，可创建出高互动性、直观性和感知强度的学习场景，使学习体验更为亲和、自然，为教学活动赋予新的生命力。人工智能技术进一步通过智能化教学平台，个性化地提供学习资源，以增强学生的学习积极性。如今，金陵微校、智慧教学12xue平台以及Likids人工智能教育云平台等，已从单纯的教学工具和资源库演进为全方位的“云—台—端”智能服务体系，借助人工智能、大数据、云计算和物联网等先进技术，为学生构建个性化学习空间。这些平台依据学生的个别学习模式、知识基础、兴趣偏好和具体需求，提供定制化的资源、互动支持和教学工具，从而使学习过程更具吸引力、趣味性和针对性，营造出积极有效的学习体验。

“慧学”理念引领着学生学习模式的革新，旨在提升学生的自主学习能力。随着科技进步与社会发展，学习模式正经历深刻的转型。教师的角色逐渐转向促进学生自主学习，课堂教育从传统的教学设计转向学程设计，学生则从被动接受者转为主动设计者，实现学习过程的自定义、创新性和个性化。智慧技术在这一转变中起到了关键作用，主要体现在：其一，它促进了协同学习，借助智能互动平台，学生能共享思想、经验及资源，合作解决复杂问题；其二，它推动了自我调节学习，允许学生设定个人学习目标，自我管理进

度，并通过持续的自我评估来跟踪学习成效；其三，它支持无处不在的学习，学习场景不再局限于传统教室，学生可利用微课、社交媒体、视频通信、虚拟现实和增强现实等工具，在任何时间、任何地点进行高效集中的学习，从而更好地适应快节奏生活，为个性化学习和终身学习提供了可能性。

在数字化转型的推动下，教育领域已步入大数据的疆域，从而催生了以数据为支撑的深度学习评估模式，这有力地促进了学生的个性化学习及全人发展。其核心特点可概括如下：首先，实施动态评估。不同于传统的终结性评价，现今借助技术工具，能持续收集与解析数据，实时监测学生的学习路径，进而给予基于数据分析的即时反馈与定制化指导。其次，推行多元评估。评价体系不再局限于学业成绩，而是全面收集学生的学习过程数据，包括情感状态、学习习惯、态度表现及行为特征，以发展性视角全面审视学生的学习进程。

二、人工智能与数学教学融合的实现路径

人工智能技术涵盖了一系列功能，如混合现实（MR）技术、数据解析、数字教育资源创新、智能化诊断系统以及内容自动生成，这些特性分别适应了数学教育的多元需求。它重塑了教育场景，将学生置于教学活动的核心，强化了师生间的交互作用，进而有效提高学生的学习效能，并显著优化教师的教学质量。

（一）利用MR技术，实现数学教学可视化的提升

MR技术是连接现实与虚拟世界的桥梁，它在虚拟世界的基础上，构筑了与现实世界的交互，使用户得以在体验虚拟环境的同时，感知到真实的现实世界。借助MR技术的可视化特性，能够促成现实与虚拟的无缝融合，创建出一个立体三维的可视化领域①。在此领域内，抽象的数学原理可转化为生动的三维模型，为几何教育提供了一个直观的立体可视化工具。然而，在传统数学几何教学实践中，受限于有限的探索手段，通常只能采用二维方式呈现几何对象，迫使学生依赖于心理重构来理解立体几何，这对他们的空间思维能力提出了严峻挑战，不利于发展空间观念这一关键素养。

借助MR技术构建的三维立体可视化环境，能够生动再现教学情境，使学生沉浸在其中，显著增强数学课堂的交互体验，进而使学生从被动接受者转为主动参与者，点燃其数学学习的兴趣。对于在处理涉及复杂几何形体体积和表面积问题时遇到困难、空间思维能力有限的学生，MR技术提供了构建三维模型的手段。通过直观地观察和操作这些几何模型，学生能更轻松地揭示解题策略，降低抽象数学概念的理解门槛。这种自我驱动的学习模式有助于深化知识内化，同时培育学生的空间想象力和内在学习驱动力。教师可运用MR技术设计多元化的教学素材和活动，使学生能够在课堂内外无缝衔接地进行深度数学学习，有效弥补因个体原因错过课堂可能导致的知识断层。此外，MR技术的时间与空间无界性特质，促进了优质教育资源的广泛共享，尤其是对于偏远或资源不足的学校，这为

---

① 邢祥莹．MR技术的发展与现状及其在教育中的应用［J］．中国现代教育装备，2024（6）：31-33.

获取优质数学教育资源提供了可能，有助于缓解地域和背景差异造成的教育不均衡问题。

数学教学借助 MR 技术，得以将抽象概念转化为视觉呈现，从而增强教学的生动性和交互性。该技术对培育学生的直观思维能力和核心素养起到重要作用，同时亦能提升学习效能与兴趣，被认为是推动当代教育技术革新不可或缺的要素之一。

（二）借助海量数据分析，推动数学个性化教学的实施

大规模数据分析涉及广泛的数据采集与适当的统计手段，旨在提炼关键信息。人工智能在处理海量复杂数据时展现出卓越的能力，能有效地分类和组织数据，使之具有可读性、有序性和典型性。在数学教育领域，运用专门的数据挖掘策略，可细腻地刻画出个体学生的学习特性与模式，进而显著提高教学效率。预习作为数学课程的起点，对整个教学过程起着决定性作用。但现实中，预习活动的执行情况往往难以量化，导致教师难以评估学生的预习状态。鉴于此，如何确保并监测每个学生的预习质量成为一大难题。引入人工智能技术，通过数据可视化手段呈现学生的预习完成度，既使教师能直观跟踪每个学生的预习进展，也使学生能自我识别学习新概念时的困惑点，从而提高数学学习的效能。此外，教师依据学生在新知识上的认知难点和常犯错误，能适时调整教案设计和教学目标，实现更为精准的数学教学。

借助人工智能的数据解析能力，课堂练习得以实现学生答题正确性、错误频率及常见误区的图形化展示，从而促进教师深入理解学生对课程内容的掌握水平，即时定位并纠正学生的共性错误，以期增强教学成效。课后综合训练阶段，通过数据可视化，学生能明确自身学习痛点，展开有的放矢的查漏补缺。同时，教师可依据这些详细信息精确评估每个学生对知识点的掌握状况，为推行更契合个体需求的教学计划提供有力的支持。

通过对学习者的学习数据和行为模式的深度剖析，能够生成有针对性的个性化学习策略与辅导方案，从而有效促进个性化教学理念的落地实施。此外，此类分析也有助于设计出符合学生个体特点的评价体系和标准①。

（三）引入数字教材，有效扩增数学知识和课堂互动

在数学电子教科书中，使用者可简便地利用页面底部的操控按钮来缩放页面、添加注解或批注，以及执行截图等基本操作。每章节开篇清晰地标记出重点，确保教师和学生能迅速捕获核心知识点。通过内嵌的 GeoGebra 软件，学生能够进行自我探索式学习，促进个性化教育，同时也提高了课堂教学效能。此外，电子教材配备的“云端资源”模块，不仅包含例题和习题的视频解析，还集结了与教学内容密切相关的高质量微课资源，使抽象知识得以直观展现，利于学生理解和掌握。这些资源支撑了学生进行互动性和探究性的自主学习，进而增强了他们的自主学习技能，同时培育了包括批判思考、创新思维、毅力和协作能力在内的关键技能。

引入数字化教材不仅充实了教学素材，同时也为学生开辟了个性化的探究途径，进而提升课堂教学效能，并有助于系统地培养学生的解难技能。

---

① 徐晓飞，李全龙．元宇宙教育及其服务生态体系［J］．计算机教育，2023（1）：1-7.

（四）应用智能诊断，促进数学自主学习的深化

智能诊断功能，依托人工智能技术，如今在教育界广泛应用，涉及作业、试卷自动化评估及数学题目个性化推荐。在20世纪80年代以前，我国的考试评分完全仰仗人力。然而，随着人口增长和生活水平提高，参与全国性考试的考生规模不断扩大，人工评分面临着巨大的时间和资源挑战。为此，我国开始探索光标阅读器（OMR技术）以自动化处理客观题，初步展现了智能诊断的雏形，但主观题的评判仍然需要人工介入①。近年来，教育部考试中心与科大讯飞公司的合作实验室成功开发出一套先进的智能诊断系统，尤其在语文和英语主观题评分上，其准确度已可媲美专业教师，适应了大规模考试的需求。这一技术在数学教育中的应用前景尤为突出，特别是在自动化评估复杂的应用题和几何证明题方面。与传统的手动批改相比，智能诊断能快速提供反馈，有助于学生即时识别知识盲点，提高学习效率，同时减轻教师的工作负担。将该功能整合到智能题库中，还能对学生的答题表现进行深度分析，精确匹配相应的练习题目，实现教学的个性化。

智能诊断机制在教育场景中展现出独特的价值，它不仅赋予学生情感层面的积极驱动力，同时也允许教师定制化设计，如在学生解答正确时呈现量身定制的激励性评论，旨在塑造学生的情感认同、态度取向和价值观念，以及激发他们对数学学习的热爱与热忱。这一应用不仅实现了作业完成情况的即时评估反馈，更在本质上促进了学生的自主学习效能，提升了其学习投入度。

（五）通过生成式技术，提高学生的学习效率和教师的备课质量

生成式人工智能技术代表着现代科技的尖端，其核心在于运用智能算法创造新颖的内容和概念。这种技术能系统地整合网络中的离散信息，对杂乱无章的数据进行提炼和重构，并模拟人类的认知模式和语言习惯以生成相应输出。因此，它具备根据交互情境生成适应性文本的能力。目前，Open AI的ChatGPT、百度的文小言以及抖音的抖音豆包等应用，均在该技术领域展现出高度的成熟度②。在数学教育的实践中，学生得以借助此类工具精准定位学习素材，极大地缩减了搜寻过程。这有利于从海量纷杂的数学资源中甄选出匹配的学习材料，进而增强自主学习效能，优化个性化学习路径。由于其时空的灵活性，学生无论身处教室内外，都能即时利用这些平台填补知识空白，确保学习的连贯性。

借助对话生成技术，教师能有效地汇聚并归类多元化的教育资源，如示例疑问、解决方案及视频教程等。这一方法旨在缩减教师在文档整理等机械性任务上的耗时，释放更多时间以深化对教学内容的探究，进而提高教案质量与教学技能，最终实现教学内容的更深层次丰富和多元化。

在数学教育领域中，适当地整合人工智能技术，不仅可以提升课堂教学效能，促进定制化教学的实践，增强学生的自主学习能力，同时也有助于提高教师的教学准备效率，驱动教师专业素养的进步，进而培养符合智能时代需求的人才。然而，尽管人工智能在数学

---

① 汪张龙．人工智能技术在考试中的应用［J］．中国考试，2017（11）：30-36.

② 李森，郑岚．生成式人工智能对课堂教学的挑战与应对［J］．课程·教材·教法，2024，44（1）：39-46.

教育中的应用展现出明显的积极效应，我们仍需关注其潜在的挑战。关键在于正确认识人工智能的角色，它应作为教师和学生的辅助工具，而不是主体，避免对其过度依赖。过度依赖人工智能可能导致学生忽视基本问题解决技巧的培养，一旦失去这种支持，他们在面对数学问题时可能显得无助，从而阻碍数学思维的健康发展。同样，教师过度依赖人工智能也可能限制其自身专业能力的提升。由于人工智能在执行生成任务时可能存在误差，使用者需谨慎评估其提供的信息准确性。此外，收集学生的学习数据用于分析时，隐私保护和数据安全问题不容忽视，教师在处理此类数据时必须采取严格措施，防范个人信息的泄露。只有妥善解决这些问题，人工智能才能真正成为数学教育的有力支持和伙伴，推动个性化教学的广泛实施。我们有理由期待，在不久的将来，这一愿景将转化为提高学生学习成效和教师教学质量的现实。

第四节　数学“教—学—评”一体化评价优化路径

教学评估贯穿各级学校的教育实践，构成了“教—学—评”这一连贯的逻辑体系。此类评价的核心目标超出了单纯衡量教学成效和学生学习状态的范畴，旨在深度洞察教育教学实践中潜在的不足。它强调关注教学设计、学习过程与评价标准之间的内在一致性，以及执行阶段的契合度。秉持“教—学—评”一体化的理念，可凸显评价在全程教学活动中的渗透性，对于推动学生全面发展及指导教师教学策略优化具有深远影响。

一、评价目标以核心素养为主

评价内容应与课堂教学目标相契合，评估任务需紧密围绕并支撑这些目标。“教—学—评”一致性核心理念旨在消除传统模式下教学与评价的割裂状态，确保教学与评价目标的无缝对接。在数学课堂的此类评价体系下，评价不再是从属或孤立的实体，而是深度融入师生交流的教学流程，构成教学活动的固有组成，实时揭示学生的学习进展，为教学改进提供即时反馈。为了防止评价脱离教学实际，推动“教—学—评”的深度融合，关键在于保持评价目标与教学目标的一致性，并专注于培养学生的中心素养，这是遵循“教—学—评”一致性原则的基本策略。

评价目标的设定是构建有效评价体系的基石，其科学性直接关乎评价在促进成长与诊断问题方面的效能。教师应当依据特定的评价目标，甄选适宜的评价手段，以确保目标的达成。“核心素养”这一概念，针对新时代人才培养的需求，规定了教学评价活动的目标、内容及策略。新颁布的课程标准倡导“教—学—评”一体化，强调各学段数学教学应以课程标准为锚定点，依照人才培养的宏观规划开展教学与评价活动。因此，课堂教学评价理应遵循新课标的理论框架，而评价指标则需鲜明地体现核心素养导向的价值取向。

明确设定的教学目标构成了有效课堂教学评估的基础。以核心素养为中心的“教—学—评”一体化评价策略，强调以核心素养为导向设定教学评价目标，提倡采用情境问题教学法，将评价目标细化并分级，旨在提升学生的主体核心素养，同时推动其个性化全面发展。在新课程标准引领的“教—学—评”一致性框架下，评价体系的优化提升要求无论是评价工具设计者还是实践教学的一线教师，都应在构建教学目标、实施教学、监控学习进程以及进行评价的连续过程中，始终围绕核心素养这一主线展开活动。

教学目标在教育实践中发挥着至关重要的作用，它既是教学、学习及评估的共享基准和规范，亦是教学过程的灵魂导向。为了达成有效的教学成果，教学目标的制定理应遵循科学性、明确性和实践性原则。在推行基于“教—学—评”一致性的课堂评价策略时，教学目标应依据课程标准中的核心素养需求来定位，如同航向标引导着整体教学活动的方向。教师的教学行动、学生的自主学习以及教学评价环节，均应紧密围绕预设的教学目标有序展开，以期在“教”“学”“评”之间达成协同一致，相互促进的良性互动。

二、发挥教学评价育人的功能

数学教育本质上是通过学科载体实现对人的培养，其宗旨在于实现人的全面发展。“传道授业”与“立德树人”并非相互孤立，而是相辅相成的教育维度。评估策略应秉持尊重学生主体性的原则，充分发挥课堂评价在育人过程中的作用。基于有效的教学理念，“学”与“评”的整合设计应贯彻“以学生为主体”的核心观念，承认并支持学生在评价过程中的主体角色，以适应并促进他们的个性化成长需求。

（一）重视“学”“评”融合

以学生为主体的课堂教学评估策略，旨在覆盖每一个个体学生，确保每个学生都能获得个性化的评价。此类评价强调关注学生的学习动态，从而彰显以学生为中心的教育哲学。

在评估实践中，教师需深度考量学生间的个体差异，设计出与学生特质相匹配的评价策略，这涉及对学生的兴趣取向、认知难点及思维素质的洞察。个性化评价有助于建立学生对教师真诚倾听和尊重其观点的信任感，进而提振其学习积极性，强化自主思考与表达的意愿。教育的核心任务是推动每个学生独特且多样的自我塑造进程，这一过程对每个学生而言均具有鲜明的个性化特征。因此，教师应致力于为每个学生的个性化“自我实现”创造希望与条件，赋予他们面对当下与未来的信心。学生的全面发展并不意味着追求整齐划一的标准，而是倡导尊重并助推他们各自的独特成长轨迹。在制定评价方案时，我们应坚持“平等对待共性，差异化对待个性，补偿性对待弱势”的理念，以保证评价的公正性和适应性。尤其在课堂评估环节，关注并珍视学生的个性发展至关重要，应采用适宜的评价方法来发掘每个学生的潜能，利用评价反馈指导教学活动，使之更具针对性。评价过程应聚焦于满足学生的多元发展需求，尤其是识别并优先满足那些对全面发展至关重要的核心需求，以此激发学生的内在潜力，彰显其优势。

（二）凸显评价的人文关怀

评估实践应当着重体现人文精神，采用具象化的评价表述，以充分发挥其激励与启迪的效能。

深度学习的转型，从表层的被动知识获取到内在驱动的个性化有意义学习，标志着教学评估优化的关键转变。教师的角色在此过程中至关重要，他们应善用启发性的评价策略，作为引领学生进步的向导。学生对教师的认可与激励抱有殷切期待，这种正向反馈对于提高学习效率、塑造健康的自我认知以及巩固学习自信心具有显著影响。比如，学生的解答准确无误，教师宜采用积极的肯定性评价，具体且明确地赞扬其成就，并指示其未来改进的方向，以塑造良好的学习习惯。面对学生的不足，教师应激发其从失败中吸取教训，保持积极性，推动自我提升。这种方式不仅能够改善学习成果，也能培育学生的自尊心和学习动力。遇到学生回答不完全的情况，教师不应急于下结论，而应借助适当的评价语言激发更深入的思考，培养数学思维，逐步引导，为学生提供更多的思维空间。鉴于学生是独特且发展的个体，拥有丰富的经验，故当前的教学评价应更加关注学生多样性的经验和需求。

教学评价应被视为推动学生公正发展的核心机制。首先，实现面向所有学生的公平评估，这需要教育工作者平等地对待每一个个体，消除因学业表现、性别或性格差异带来的偏见，确保尊重和公正并行。其次，实施适应学生个性化需求的差异化评价策略，对学生的投入、成果、进步及潜能进行定制化考量，有助于促进学生的自我理解和成长。再次，增值性评价的重要性不容忽视，它提倡教师基于学生的起始水平、进步情况和学习过程给予反馈，为学业困难的学生创造更多的成长空间，同时平衡对优等生的关注。最后，建设性的激励性建议对每个学生，尤其是学习困难者，具有深远影响，能揭示他们的优点和潜在能力，进而增强学习自信心和进取心。

三、注重提升教师评价素养

教师的评价素养在确保课堂教学评价的教育功效方面扮演着决定性角色，其科学性和全面性至关重要，因为它直接关乎"教—评"一致性目标的达成。实现新课程标准所倡导的"教—学—评"一体化评价，关键在于提升教师的课程教学素养与评价素养。数学课堂的卓越教学及有效评价离不开教师的核心作用。教师的评价观念为实施评价提供了理论支撑，而作为数学教学实践的主体，他们同时也是课堂活动的主要负责人。因此，在推行基于"教—学—评"一致性的教学评价策略时，亟须加强对数学教师专业能力的培育。

（一）建设学校师资队伍

学校需构建完善的激励制度，以激发教师参与教研活动的积极性，借此强化理论素养，提升专业实践能力，并通过实际的课堂评价体验，促进高效实施教学评价。同时，引入领域专家进校交流，与教师深度探讨，共享教学评价的专业见解和实用技巧，也是提升评价专业性的有效途径。为了教师的专业成长，学校应聚焦教师团队建设，构建多元化的培训体系，使兼课教师有机会深入理解基础教育规律，积累创新教学实践经验，以丰富其教学知识和技能库。此外，减轻教师非教学任务，确保更多时间投入教学和学生互动，改革基础教育评价体系，去除无关教育目标的考核，是为教师提供必要支持和资源的关键。这些策略能增进教师与学校的紧密合作，巩固师资队伍的稳定性。优化教师工作环境，能够点燃其教学热忱，提高教学质量，最终为学生的全面成长营造更优的教育环境。

政策引导的强化与学校评价文化的优化至关重要，这对于达成“教”与“评”的和谐统一是不可或缺的前提。政策层面应坚定评价导向，为学校构筑坚实的外部支撑，设计出既科学又公正的评价体系，并定期组织教学评价专题研究活动，深入剖析新课程标准内涵。学校评价体系的本质反映其价值取向，倘若仅聚焦于提升学生的应试技能，基于新课程理念的核心素养评估将难以发挥实效。反之，若学校将培育学生的学科核心素养视为首要教育目标，并注重其全面发展，必将促进数学教师在课堂实践中广泛应用核心素养导向的评价方法。因此，学校需提供充足的课堂教学评价资源和技术创新支持，以保证评价的效度，创建一种积极的评价生态，减少对外部分数的过度依赖，转而通过优化激励策略，点燃师生内在的学习动力。

（二）树立终身学习理念

教师要学习新的评价理论，树立终身学习理念和发展性的评价观。

首先，革新教师评价观念，秉持新课标理念的导向。新评价观的构建要求教师深度接纳并践行新课标理念。教育学者比斯塔指出，教育成效的评估不应仅局限于排名，而应致力于构建支撑教育实践的实证基础①。自新课程标准颁布以来，课堂评价的重点已转移至考查学生核心素养的成长。为了高效培育学生的核心素养，教师需持续更新教育理念，拓宽专业领域知识，深化数学学科本质的理解，并积极探索“教—学—评”融合的评价策略。教师在课堂教学评价中的作用至关重要，唯有将新课程标准的精髓内化为学校与教师的实际行动，方能确保其对学生学习过程产生实质性影响。为了学生的全面发展，教育评价需摆脱“知识中心”的桎梏，减少对单一知识点掌握和技能熟练度的过度关注，转而强化对学生核心素养和个性化发展的关注。课堂环境中，营造鼓励进步和努力的评价气候，让学生认识到努力的价值。这种评价方法有助于全面把握学生的学习状态，进而提供更具针对性的辅导，助推其全面发展。教师应明确，评价的核心目标不仅在于判断答案的正误，更在于推动学生的全面发展，激发他们的学习热情。在评价过程中，强调观察学生在数学学习中的动态表现，结合反馈调整，逐步摆脱过于倚重分数的旧有评价观念。

其次，基于新课标理念的课堂教学评价的实施，其核心取决于教师的评价素养与能力。故此，强化教师的专业素质成为首要任务。为达成此目标，宜深化教师的专业素质教育计划，借助研讨会、交流活动、专家指导及持续进修等方式，全面提升教师的评价能力和业务素养。数学教师尤其需要通过专项培训，深刻领会新课程标准的本质精神，掌握并践行“教—学—评”一体化的教学策略，同时精通相关评价的知识和技能。此外，教师需明晰各类评价方法的适用场景和目标群体，熟悉具体操作步骤，在规划教学过程中精准设计符合核心素养要求的评价活动，并能熟练运用各种评价工具，以期真正实现“以评育人”的教育目标。

教师在新时代背景下需秉持持续更新的评价育人观念，拥有扎实的评价知识与技能，

---

① 格特·比斯塔．测量时代的好教育［M］．张立平，韩亚菲，译．北京：北京师范大学出版社，2018：12.

以确保“以评价推动改进”和“以评价促进育人”的目标得以实现，这是高质量课堂教学评价的基石。教师应树立目标导向，确保教学设计与学习目标及评价任务的一致性。为了课堂评价的有效执行，教师需精通相关策略，例如依据最新课程标准设定清晰的核心素养教学目标，通过改进提问策略提升课堂互动水平，并恰当地利用评价反馈。实现“教—学—评”一体化的课堂评价要求教师深刻理解数学教学的内在逻辑，聚焦那些能够广泛迁移并培养核心素养的数学概念，摒弃以分数为唯一标准、非黑即白的传统评价观念。教师需将教学活动视为一个有机整体，构建符合数学教学本质的评价框架，从而避免目标迷失和学评分离的问题。通过深化教师的专业学习，强化开放性评价理念，如提升课堂提问的深度，鼓励学生面对更多开放式问题，激发他们的自主思考和创新潜能。

最后，教师在执行课堂教学评价时，应当基于对自身教学活动的深度剖析，探索课堂评价实践中有效的改进策略。这些策略不仅要聚焦于学生具体的学习行为表现，还要求教师深入反思评价设计的本质，习惯性地质疑“何种评估手段更为恰当”。通过这样的反思过程，教师能检视并挑战原有的评价理念，进而催生评价方法的创新与超越。总而言之，基础教育改革的核心在于课程改革，而课程改革的关键步骤则为课堂教学评价的革新。达成教学与评价的一致性，推动这一改革进程的核心要素则是教师的专业成长与发展。

四、增强评价方法的适配性及反馈

数学课堂评价的核心在于其有效性和适应性，旨在通过合理运用评价反馈以推动“教—学—评”的正向互动循环。有效的评价手段应当能如实且精确地揭示学生的学习进程和成长状况，并能灵活适应多样化的教学场景和个体差异。新课程标准提倡基础教育课堂应融入活动、游戏及生活元素，鉴于各类评价方法的局限性，教师应在每节课中依据教学设计，灵活整合多种评价策略，以保证评价活动与教学环节的紧密契合。适应性则强调数学课堂评价需遵从学生数学核心素养形成的内在逻辑，以及课程标准的规定，审慎选择并匹配适宜的评价手段，从而达成过程评价与结果评价的和谐统一。

（一）增强评价方法适配性

在评估实践中，强调过程与结果的融合评估，以提升评价策略的契合度至关重要。为保障“教—学—评”三者的协调统一，亟须优化课堂评价手段的适应性。适应性的提升体现在评价方式需依据学科特性、课程类型及学生的个别需求进行定制化变革，从而更有效地支撑课堂教学的评估需求。

新课改倡导的教学评价改革强调既要重视学生的数学学习成果，又要关注其学习进程。课堂教学包含了组织、引入、讲授、互动及反馈等多个紧密相连的环节，构建了一个整体的教学框架。因此，对学生的课堂表现进行评价，理应是个多元化的综合过程，要求全面审视他们在各个教学阶段的行为。在这一过程中，评价不仅要着眼于终端的学习成效，还需深入剖析学生的学习路径和认知策略。为此，可运用多种策略和层面的评价手段，如通过系统收集学生学习过程中的作品和记录，构建“档案袋”，此类方法即为“表现性评价”的一种形式。结果性评价主要依据学生在课堂参与中的实际成果进行，虽然具有显著价值，但单纯依赖分数往往难以全面体现学生在认知与个人成长各维度的进步，可能导致对学生课堂行为的低估或忽视。故此，过程性评价与结果性评价的融合应用至关重要，唯有如此，才能确保课堂教学评价全面发挥其教育功能，进而产生积极的育人效应。具体实践中，运用诊断性评价可评估学生的数学学习准备情况，形成性评价有助于衡量学习目标的达成程度，终结性评价则用于综合评价学生的学习状态，过程性评价适时捕捉学生在数学活动中各个环节的即时表现。

在评价数学课堂教学的过程中，为确保评估的全面性和信度，采取定性与定量评估相融合的策略，多维度地捕获学习证据。科学且客观的资料收集方法是这一过程的基础，要求评估者运用精确的方法，有效筛选和整合信息，排除无用数据，深挖并提炼有意义的素材，通过反复甄别和组织，构建出精确且实用的评价框架。定性评估涵盖个案探究、课堂观测及文档分析等手段，而定量评估则通过量化分析和计算来评估对象的价值。鉴于定性与定量评估各有优势和局限，两者应互为补充，综合运用。

（二）形成评价长效反馈机制

构建完善的“评估—反馈—优化—再评估”体系，以形成长效的反馈机制，强调运用评估结果的反馈来驱动“教—学—评”的正向循环。课堂教学评估的反馈不应仅被视为终点，而是一个动态的过程。考虑到反馈的时间性，它应当具备即时性和周期性特点。教师需借助多元评价手段，迅速、全面、具体且有对比性地向学生传达评价信息，这样的即时反馈使学生能够明确认识到自身学习过程中的薄弱环节及与阶段目标的差距，从而为后续学习提供有力的支持。同时，教师对评估结果的深度解析和有效应用，有助于实施有针对性的教学改进和教育决策。显而易见，评估结果作为评估教学质量与学习成效的核心指标，既促进了学生的学习进展，又促进了教学策略的持续优化。通过对评估结果的精细解构，教师可精准地调整教学策略。

综上所述，学生在教学评估活动中的互评并非对个体历史成就的终极定论，而是演进为培育符合时代需求的人才的崭新出发点。

五、构建多元主体协同评价体系

“教—学—评”一致性理论为构建以培养人为目标的评价共同体奠定了理论基石，并指明了实践路径。反过来，评价共同体的建设和各个参与主体的协同作用又促进了“教—学—评”一致性的深化实践。评价主体的选择至关重要，它关乎评价结果的公正性。鉴于学生发展的多元性和复杂性，需要多种视角的综合评价。因此，提倡多元主体共同参与的课堂评价，强调各主体的独特功能，倡导教师在评价过程中实施赋权与放权策略。这要求教师从传统的控制角色中转型，凸显家庭与学校共同体的评价功能，通过深度沟通促进家校在育人目标上的共识形成。

在教学实践中，评价不应仅限于教师的主导，学生同样应当被纳入评价体系之中。单一的评价主体往往导致评价结果的主观性过强，这与当前倡导的新课程理念相悖。通过组织小组活动，鼓励学生间的互评，以及在课堂讨论中引入师生互评，我们可以获取多角度的反馈，以实现更全面、公正的评价。学生的自我反思作为自我认知和提升的过程，能有效帮助他们识别自身的弱点，进而形成全面的自我理解。同时，家长的参与构建了家校合作的评价框架，进一步增强了评价的多元性和有效性。这样的多元化评价模式不仅提升了评价的科学性和客观性，而且更加彰显了评价在促进学生发展中的教育意义。评价的核心目标超越了单纯的“衡量”，其本质在于激发学生的学习动力，推动他们的持续进步，避免单纯依赖分数对学生进行分级，而是要激发他们的主动学习意识。这一机制通过多元反馈，旨在校正和验证学生的认知，从而强化他们的自我反思与学习能力。

（一）学生自评：科学指导，合理反思

自我评价是指个体对其自身的态度、行为及其成效进行的深度反省与评估。在学生自评过程中，重要的是引导他们依据既定标准，审视学习过程，评估学习成就，并能明确自身与标准之间的差距，以推动反思与改进，这一环节构成了自主评价的核心要素。自我认知是自主性的前提，实施学生自评能有效提升其课堂参与的积极性，同时培育他们的自我反思与评价技能，塑造出更具批判性思维的学习者形象。作为学习活动的主体，学生自评应当在课堂评价体系中占有显著位置，当学生感受到充分的尊重和表达权时，他们的主动性和表现欲望会更加强烈。具体到数学课堂，学生应结合实际，主动提问如“本次课我学到了什么”“哪些方面有所提高”“我的学习态度是否正确”等问题，以此来检视自身课堂行为和学习效果，进行公正、理智且真实的自我评价。

（二）学生互评：积极互动，共同提升

外部评价，又称他评，通常涉及数学课堂中的多元参与者，如教师、同学及家长。此类评价侧重于考查学生的课堂互动表现及其教学成效。

同伴评价作为一种补充手段，能够提供多维度且全面的反馈信息，有效弥补自我评价的局限性和教师评价的主观隔阂，从而避免对学生的自我认知产生片面影响。此过程鼓励学生进行深度自我反思，通过对比自身与同伴的学习成就，促进反思质量的提高和内涵的丰富。参与评价活动使学生有机会监督自身学习，充分运用评价结果，对个人学习状态产生积极的调节作用。互评主要关注三个方面：其一，课堂听讲与参与度；其二，课堂积极性表现；其三，协作学习的能力。因此，学生在同伴互评的互动中，不仅提升了学习态度和课堂参与的积极性，也对自身的课堂行为进行了深入的反省。

（三）家长参评：鼓励参与，有效监督

在多维度评价实践中，整合来自各种背景及价值观的评价参与者以确保其有效参与。家长的融入体现在参与构建与修订学生评价指标，以此推动家校交流，达成教育评估目标与内容的共识。家长的评价角色不容忽视，他们对课堂教学的评价贡献显著，有助于构筑稳固的家校合作桥梁。

在家校协作的框架下，构筑共识桥梁，以重塑学生及家长的评价认知至关重要。在新课程标准的导向下，多维度的评价体系呼唤多方主体的深度介入和协商实施。这一变革不仅敦促教师革新评价理念，同时也凸显了各评价角色间沟通效率的重要性。因此，学生、

家长等关键群体需树立正确的评价观，深入领会数学核心素养评价的本质与标准。教师在此过程中担当关键角色，作为连接桥梁，应积极推动学生和家长评价观念的转型。教师需强化学生和家长的评价自觉性，促进他们在实际操作中理解和参与多元化的课堂评价，以澄清综合素质评价的理论框架、价值定位、目标指向及内容构成。同时，激发学生和家长成为评价过程的主动参与者，通过明晰共同目标，界定各主体的职责与权限，特别是厘清学校教育与家庭教育在评价活动中的相互作用和界限，以实现评价活动的有效协同。唯有加强教师、学生和家长之间的沟通互动，才能逐渐构建起多元主体共同参与的新型课堂评价环境，保障信息交流的畅通，从而保证所有评价者能作出科学、公正的判断。

参 考 文 献

[1] 陈晨 . J 省大学生数学学习态度现状调查及分析［D］. 扬州：扬州大学，2019.
[2] 单妍炎 . 大学数学课堂文化模式建构的行动研究［D］. 西安：陕西师范大学，2019.
[3] 多杰才让 . 基于 OBE 的民族高校数学课堂教学满意度调查研究［D］. 兰州：西北民族大学，2022.
[4] 范海龙 ."大思政"视域下大学数学教学模式优化路径研究［J］. 高教学刊，2025，11（3）：122-125.
[5] 高飞 . 高职生数学学习情感与课堂学习参与关系的调查研究［D］. 赣南：赣南师范大学，2023.
[6] 高茜 . 高职学生数学学习困难成因与对策研究［D］. 石家庄：河北师范大学，2019.
[7] 古佳 . 以竞赛为驱导推动高校数学教学的探索与研究［J］. 林区教学，2025（1）：61-64.
[8] 郭军成 . 高职院校数学教师信息素养测评模型的构建与实证研究［D］. 福州：福建师范大学，2022.
[9] 黄梅花 . 高职数学微课教学价值分析及应用研究［D］. 南昌：江西科技师范大学，2018.
[10] 黄元臻 . STEAM 视角下高职数学建模的教学研究［D］. 厦门：集美大学，2020.
[11] 贾悦悦 . 高校数学师范生教学技能学习投入度影响因素研究［D］. 济南：山东师范大学，2022.
[12] 亢婕 . 大学生数学学习质量评价研究［D］. 北京：首都经济贸易大学，2018.
[13] 孔祥强 . 基于 OBE 理念的大学数学课程思政的"六维八融"教学模式探析［J］. 科教文汇，2024（21）：68-73.
[14] 李珺 . 翻转课堂在高职数学教学中应用的实践研究［D］. 苏州：苏州大学，2015.
[15] 李志雄 . 数学教学中情感教学的应用［D］. 武汉：华中师范大学，2017.
[16] 梁运梅 . 高校数学教学名师课堂提问行为的个案研究［D］. 桂林：广西师范大学，2017.
[17] 林春雨 . 高中数学和高等数学教学衔接问题研究［D］. 武汉：华中师范大学，2017.
[18] 刘璐 . 高师院校数学专业本科生数学建模能力影响因素研究［D］. 济南：山东师范大学，2020.
[19] 陆奕纯 . 初等数学教学借鉴高等数学教学法的初探［D］. 上海：上海师范大

学，2021.
［20］牛艳秋．基于数学建模能力培养的应用型高校数学教学策略研究［J］．现代商贸工业，2025（3）：238-240.
［21］彭奇林．高职数学教学的有效性研究［D］．桂林：广西师范大学，2020.
［22］秦亚兰．思维导图在高职数学教学中的应用研究［D］．太原：山西大学，2021.
［23］石春鸽．数学专业大学生问题解决能力影响因素研究［D］．济南：山东师范大学，2022.
［24］王彩琴．基于"翻转课堂"模式下的高职院校"高等数学"教学应用研究［D］．兰州：西北师范大学，2017.
［25］王峰，张芳，俞亚娟．混合式教学模式下新形态大学数学教材建设研究［J］．高教学刊，2024，10（30）：91-95.
［26］王丽丽．隐性分层模式在高等数学教学中的应用［D］．南昌：江西科技师范大学，2018.
［27］王天宝．信息化技术在应用型高校大学数学教学中的应用研究［J］．现代职业教育，2024（33）：97-100.
［28］魏薇．基于成因分析的大学生数学学习困难转化研究［D］．上海：上海师范大学，2020.
［29］吴静，李建辉，刘小刚，等．大学数学课程案例式教学的研究与实践［J］．创新创业理论研究与实践，2024，7（19）：21-24.
［30］吴亭亭．数学文化教育在培养高职学生数学素养的应用研究［D］．长沙：湖南师范大学，2017.
［31］谢振宇．应用型本科院校高等数学教学过程性评价的实验研究［D］．石家庄：河北师范大学，2020.
［32］杨碧璇．课程思政背景下高等数学课程教学改革与实践研究［J］．佳木斯职业学院学报，2024，40（11）：119-121.
［33］杨金梅．新工科背景下高等数学教学中培养学生创新思维的路径［J］．九江职业技术学院学报，2024（4）：67-72.
［34］张东．大学数学课程的融合教学模式探究［J］．现代职业教育，2025（3）：101-104.
［35］张苗苗．线上教学过程中大学生数学学业成就影响因素研究［D］．济南：山东师范大学，2022.
［36］赵浩田．基于认知诊断理论的高校课堂教学效果精准评价研究［D］．哈尔滨：东北农业大学，2023.